“十四五”高等职业教育新形态一体化系列教材

人工智能编程基础

唐　敏◎主　编
戴琳琳◎副主编
洪运国◎主　审

中国铁道出版社有限公司
CHINA RAILWAY PUBLISHING HOUSE CO., LTD.
北　京

内 容 简 介

本书为“十四五”高等职业教育新形态一体化系列教材之一，基于Python开发环境，精心设计了五个项目案例，详细阐述了每个项目设计开发的过程。其中，人工智能初探项目涵盖人工智能技术概念和开发环境搭建，包括多个图形输出任务，详细介绍了Python图形处理等基础知识；人工智能初级、中级和高级编程三个项目涵盖了Python语言数据类型、程序控制结构、面向对象设计和函数等知识，分多个任务介绍了人工智能技术的应用；人工智能数据分析项目涵盖数据运算、数据分析和数据可视化的设计与应用。

本书按照企业人工智能项目开发的过程进行编写，项目案例均精选自企业和工程真实案例，每个项目均可单独设计开发，具有很强的代表性，全面训练学生的人工智能技术项目开发能力和创新能力。

本书适合作为高等职业院校人工智能技术应用专业、物联网应用技术专业、软件技术专业、应用电子技术专业及相关专业人工智能编程或Python程序设计相关课程的教材，也可作为人工智能技术开发的初级参考书使用。

图书在版编目（CIP）数据

人工智能编程基础 / 唐敏主编 . -- 北京 : 中国铁道出版社有限公司, 2025. 8. --（“十四五”高等职业教育新形态一体化系列教材）. -- ISBN 978-7-113-32342-4

Ⅰ. TP18

中国国家版本馆 CIP 数据核字第 2025SW8433 号

书　　名：人工智能编程基础
作　　者：唐　敏

策　　划：霍龙浩　谢世博　　**编辑部电话：**（010）51873135
责任编辑：谢世博
封面设计：尚明龙
封面制作：郭瑾萱
责任校对：安海燕
责任印制：赵星辰

出版发行：中国铁道出版社有限公司（100054，北京市西城区右安门西街8号）
网　　址：https://www.tdpress.com/51eds
印　　刷：河北京平诚乾印刷有限公司
版　　次：2025年8月第1版　2025年8月第1次印刷
开　　本：787 mm × 1 092 mm　1/16　**印张：**14.5　**字数：**379千
书　　号：ISBN 978-7-113-32342-4
定　　价：49.80元

前　言

本书以培养高素质技术技能型人才为目标，采用项目开发的课程教学模式，详细介绍了人工智能基础编程方法。通过项目教学，使学生掌握人工智能编程项目开发的过程，最终不仅能够完成课堂项目设计及实施，还能够胜任人工智能电子竞赛和相关工作的项目设计及实施，为未来的职业发展奠定基础。

本书使用的是 Python 开发环境，具体内容可分为 3 个部分、5 个项目和 17 个任务。

1. 人工智能初探篇：涵盖人工智能技术概念和应用、开发环境搭建等基础知识，包括项目一，设计了输出指定文字、绘制指定图形和绘制动态图形 3 个任务。

通过学习上述 3 个任务，读者不仅能够掌握常用人工智能开发环境搭建，还能掌握人工智能图形输出的设计方法和思路。

2. 人工智能编程篇：涵盖初级、中级和高级三个难度递增的编程知识，包括项目二、项目三和项目四。

项目二主要介绍 Python 语言的基本数据类型、运算符、字符串和程序控制结构，将科学计算器项目划分为 6 个任务，从人机界面设计到功能实现，按照企业设计流程编写。

项目三主要介绍 Python 语言的组合数据类型和函数，将成绩管理项目划分为 3 个任务，从界面输出、成绩管理到成绩统计三个方面进行知识讲解和应用设计方法说明。

项目四主要介绍 Python 语言的面向对象知识，将员工管理项目划分为 2 个任务，从信息获取和输出两个方面介绍类和对象、构造和析构方法、继承和多态的知识。

通过学习上述 3 个项目 11 个任务，读者能够掌握 Python 语言在人工智能技术方面的设计与应用。

3. 人工智能数据分析篇：涵盖典型数据分析的设计与应用，包括项目五。

项目五主要介绍使用 NumPy 库进行数据运算、使用 Pandas 库进行数据分析、使用 Matplotlib 库进行可视化绘图，按照数据获取、运算、分析和可视化绘图的流程介绍数据分析的过程，设计了 3 个任务实际操作人工智能数据分析的思路与方法。

通过学习上述 3 个任务，读者可以完成常见人工智能数据分析典型项目的设计，掌握人工智能技术数据分析的项目开发方法和设计思路。

本书 5 个项目设计过程均采用企业项目开发流程来展开，每个项目都可以单独使用。书中详细介绍了每个设计环节的设计内容和设计思路，并给出详细的代码和运行结果，全部代码均调试通过。本书除了作为高等职业教育人工智能技术应用等专业的教材外，还可作为人工智能技术开发设计的入门手册使用。

本书具有以下特点：

（1）按照软件项目开发的设计过程进行编写，采用项目开发设计思想进行教学，使学生潜移默化掌握软件项目开发的流程，构建人工智能技术项目开发的思路。

（2）项目设计过程讲解详细，条理清晰，适合教师讲授，易于学生阅读。本书采用的项目都有较强的实践性，易于实现，可在实践过程中掌握相关的人工智能技术和设计方法。

（3）项目中包含拓展部分，既可以使用所学知识解决实际问题，又能拓宽设计的思路，培养学生解决人工智能实际问题的能力。

本书由大连职业技术学院唐敏任主编，由大连职业技术学院戴琳琳任副主编，大连职业技术学院张慧参与编写。项目一、项目二、项目三由唐敏和戴琳琳共同编写，戴琳琳负责任务拓展和项目拓展部分，其余部分由唐敏负责。项目四和项目五由唐敏和张慧共同编写，张慧负责项目四的任务拓展、项目拓展和项目五的任务实施、项目拓展部分，其余部分由唐敏负责。本书由大连职业技术学院洪运国主审。

在本书选题策划、撰写到出版的全过程中，得到大连职业技术学院领导及教师的大力支持，在此表示衷心的感谢！

本书配备的微课视频可扫描书中二维码观看，案例的配套资料可到中国铁道出版社教育资源数字化平台（https://www.tdpress.com/51eds）免费下载。

由于作者水平有限，且全书撰写任务繁重，书中错漏之处在所难免，在此真诚欢迎读者多提宝贵意见，以期不断改进。

唐　敏

2025 年 3 月于大连

目 录

项目一

人工智能初探——图形输出项目

学习目标

◎知识目标

1. 掌握人工智能的概念
2. 掌握人工智能应用方向
3. 掌握人工智能开发环境的搭建
4. 掌握 turtle 库函数的使用方法

◎能力目标

1. 能够使用 Python 开发环境编写简单程序
2. 能够使用正确的 turtle 库函数进行编程
3. 能够根据具体项目，使用合适的控制语句
4. 能够具体解决人工智能方面的问题

◎素质目标

1. 具有严谨的工作态度，根据具体需求设计任务
2. 能够具体问题具体分析
3. 具有良好的编码规范和职业素养

项目导入

设计一个图形输出项目，划分为三个子任务，具体见表 1-1。

表 1-1　图形输出项目的任务清单

项目名称	任务名称	任务功能
图形输出项目	输出社会主义核心价值观	屏幕提示输出：社会主义核心价值观
	绘制红色三角形	绘制一个红色边的等边三角形
	绘制方形炫彩螺	绘制两个不同颜色的方形炫彩螺

其中，每个任务所对应知识点思维导图如图 1-1 所示。

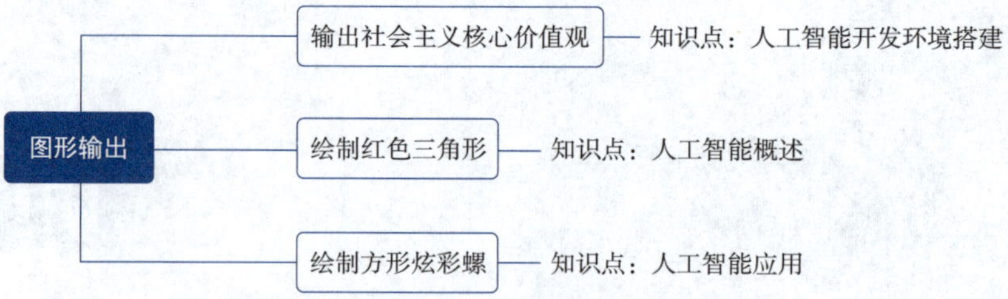

图 1-1　图形输出项目的思维导图

任务一　输出社会主义核心价值观

任务描述

项目实施也是认识问题、分析问题和解决问题的过程，理论联系实际，先从最简单的开发环境搭建开始，为顺利完成项目夯实基础。

人工智能编程开发环境主要是 Python 开发环境。Python 可以安装在众多平台上，用户可以根据需要安装，但是在不同的平台上安装 Python 的方法是不一样的，本任务要求在 Windows 操作系统上安装 Python 解释器及常用的集成开发环境（integrated development environment, IDE）。

采用 Python 语言输出社会主义核心价值观，具体如图 1-2 所示。

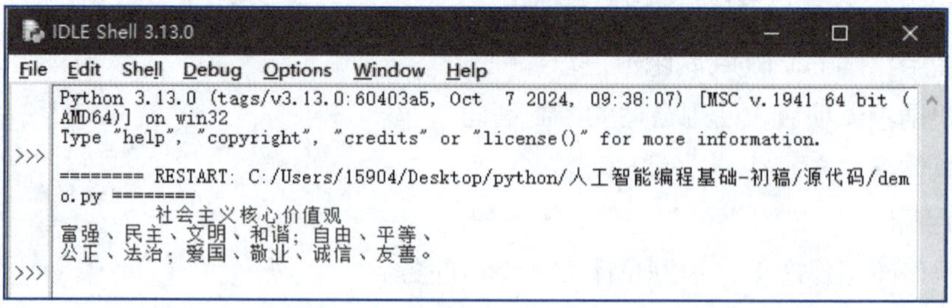

图 1-2　输出社会主义核心价值观

相关知识

1.Python 的发展历程

Python 由荷兰国家数学和计算机科学研究学会的吉多•范罗苏姆（Guido van Rossum）于 20 世纪 90 年代初设计。Python 提供了高效的高级数据结构，能简单有效地进行面向对象编程。Python 优雅的语法和动态类型，以及其解释型语言的本质，使它成为在大多数平台上编写脚本和快速开发应用的理想编程语言。随着 Python 版本的不断更新及其新功能的上线，Python 逐渐用于独立的、大型项目的开发。

Python 已经成为最受欢迎的程序设计语言之一。Python 2 于 2000 年 10 月 16 日发布，其稳定版本是 Python 2.7。Python 3 于 2008 年 12 月 3 日发布，不完全兼容 Python 2。就目前来看，Python 3.x 的设计理念更人性化，其全面普及和应用已经是大趋势。

2.Python 的特点

Python 的特点如下。

（1）简单：Python 是一种代表简单主义思想的语言。它的语法清晰，代码易读、易维护，编程简单、直接。它能够使用户专注于解决问题而不是去弄明白语言本身的含义。

（2）易学：Python 入门非常快，学习难度非常低，可以通过命令行交互环境学习 Python 编程。在众多计算机语言中，它是较容易读、较容易编写，也是较容易理解的语言之一。

（3）免费、开源：Python 是开源软件，这意味着可以免费获取 Python 源代码，并能自由复制、阅读、改动。Python 在被使用的同时也被许多优秀的人才改进，进而不断完善。

（4）解释型：大多数计算机编程语言都是编译型的，即在运行之前需要将源代码编译成操作系统可以运行的二进制格式，这导致大型项目的编译过程非常消耗时间。而用 Python 语言编写的程序不需要编译成二进制代码，可以直接使用源代码运行。Python 解释器把源代码转换为字节码的中间形式，然后把它翻译成计算机使用的机器语言并运行。

（5）可移植性：Python 作为一种解释型语言，可以在任何安装有 Python 解释器的开发环境中运行，因此 Python 程序具有良好的可移植性，在某个平台编写的程序无须或仅需少量修改便可以在其他平台上运行。

（6）面向对象：Python 既支持面向过程编程，又支持面向对象编程。在面向过程的语言中，程序是由过程或可重用代码的函数构建的。在面向对象的语言中，程序是由数据和功能组合而成的对象构建的。与其他主要的语言（如 C++ 和 Java）相比，Python 以一种非常强大且简单的方式实现面向对象编程。

（7）可扩展性：Python 程序除了使用 Python 语言本身编写外，还可以混合使用 C 语言、Java 语言等编写。比如，需要一段关键代码运行得更快或者希望某些算法不公开，就可以把这部分程序用 C 语言或 C++ 语言编写，然后在 Python 程序中调用它们。

（8）丰富的库：Python 不仅内置了庞大的标准库，而且支持丰富的第三方库以帮助开发人员快速、高效地处理各种工作。例如，Python 提供了与系统操作相关的 os 库、正则表达式库 re、图形用户界面库 tkinter 等标准库。Python 支持许多高质量的第三方库，例如图形处理库 Pillow、游戏开发库 Pygame、科学计算库 NumPy 等，这些第三方库可以通过 pip 工具安装后使用。

3.Python 的应用领域

作为一门功能强大且简单易学的编程语言，Python 主要应用在下面几个领域。

（1）Web 开发：Python 是 Web 开发的主流语言。与 JavaScript、PHP 等广泛使用的语言相比，Python 的类库丰富、使用方便，能够为一个需求提供多种解决方案。此外，Python 支持最新的 XML（extensible markup language，可扩展标记语言）技术，具有强大的数据处理能力，因此在 Web 开发中占有一席之地。Python 为 Web 开发提供的框架有 Django、Flask、Tornado、web2py 等。

（2）科学计算与数据分析：随着 NumPy、SciPy、Matplotlib 等众多库的引入和完善，Python 越来越适合用于科学计算与数据分析。Python 不仅支持各种数学运算，还支持绘制高质量的二维和三维图像。与科学计算领域流行的商业软件 MATLAB 相比，Python 的应用范围更广泛，可以处理的文件和数据类型更丰富。

（3）自动化运维：早期的运维工程师大多使用 Shell 编写脚本，如今，Python 几乎可以说是大多数运维工程师的首选编程语言之一。在很多操作系统中，Python 是标准的系统组件，大多数 Linux 发行版和 Mac OS X 都集成了 Python 开发环境，可以在终端设备上直接运行 Python。Python 标准库包含多个调用操作系统功能的库，如通过第三方库 PyWin32，Python 能够访问 Windows 的 COM 服务及其他 Windows API（application program interface，应用程序接口）；通过 IronPython，Python 能够直接调用 .NET Framework。一般来说，用 Python 编写的系统管理脚本在可读性、性能、代码重用度、可扩展性等方面都优于 Shell 脚本。

（4）网络爬虫：网络爬虫可以在很短的时间内获取互联网上有用的数据，能够节省大量的人力资源。Python 自带的 urllib 库、第三方库 Requests、Scrapy 框架、Pyspider 框架等让网络爬虫的实现变得非常简单。

（5）游戏开发：很多游戏开发者先利用 Python 或 Lua 编写游戏的逻辑代码，再使用 C++ 编写如图形显示等对性能要求较高的模块。Python 标准库提供了 PyGame 库，用户可以使用该库制作二维游戏。

（6）人工智能：Python 是人工智能领域的主流编程语言。人工智能领域中流行的神经网络框架 TensorFlow 就可以兼容使用 Python 语言。

任务分析

Python 的开发工具较多，可以根据不同的开发需求选择。这里主要介绍 Python 解释器和 PyCharm 的下载与安装。

任务实施

1. 下载与安装 Python 解释器

Python 解释器是解释 Python 脚本运行的程序。编写 Python 代码并保存后，会得到一个以 .py 为扩展名的文件。要运行此文件，就需要 Python 解释器。访问 Python 官网，下载 Python 解释器并安装，以搭建 Python 开发环境。具体操作步骤如下：

（1）访问 Python 官网，选择“下载”→“Windows”，如图 1-3 所示。

视频

输出社会主义核心价值观

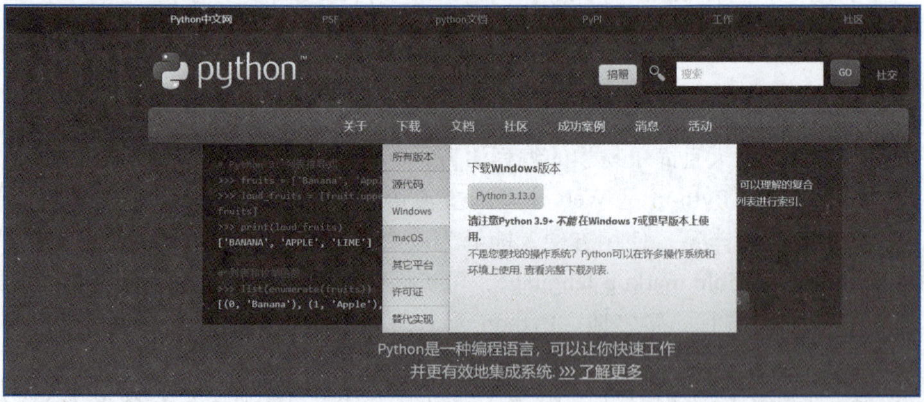

图 1-3 Python 官网首页

（2）页面跳转到下载页面，其中有很多版本的安装包，学习者可以根据自身需求下载相应的版本。本书选择 Python 3.13.0，Python 3.13.0 的 32 位和 64 位离线安装包如图 1-4 所示。

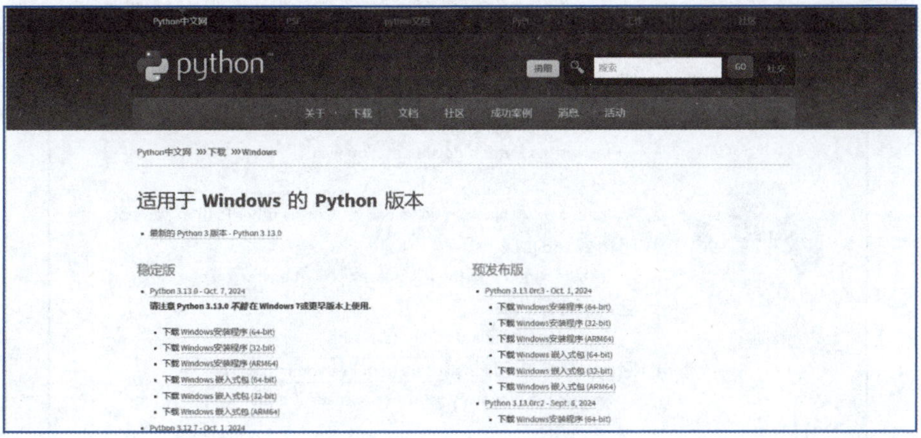

图 1-4　Python 下载列表

注：“x86”表示 32 位操作系统，“x86-64”表示 64 位操作系统。

（3）根据操作系统的类型选择相应的版本。以下载并安装 64 位离线安装包为例，单击“Windows installer（64-bit）”进行下载。下载成功后，双击安装包开始安装。在 Python 3.13.0 安装界面中有默认安装与自定义安装两种方式，如图 1-5 所示。

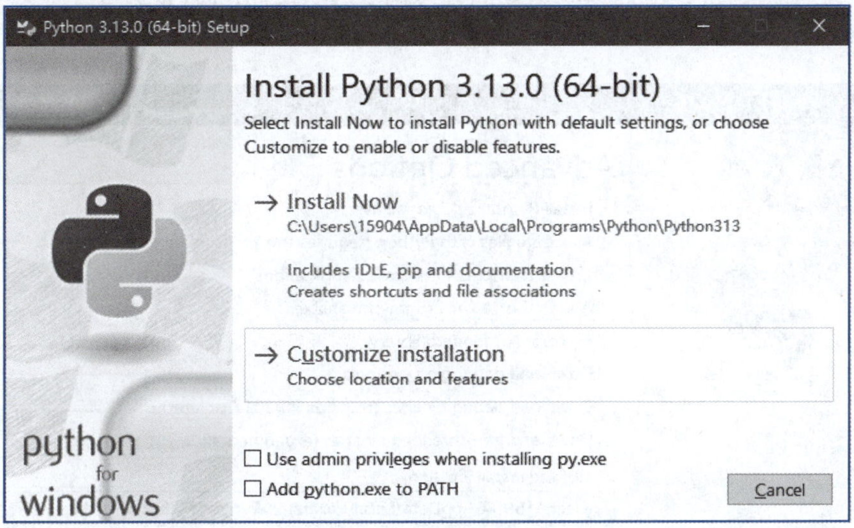

图 1-5　选择安装方式界面

（4）勾选“Add python.exe to PATH”复选框，单击“Customize installation”按钮，进入设置可选功能界面，如图 1-6 所示。

如图 1-6 所示，默认勾选所有复选框，这些复选框对应的功能如下：

- Documentation：Python 帮助文档，其目的是帮助开发者查看 API 以及相关说明。
- pip：Python 包管理工具，该工具提供对 Python 包的查找、下载、安装、卸载等功能。
- td/tk and IDLE：tk 是 Python 的标准图形用户界面接口，IDLE（integrated development and learning environment，集成开发和学习环境）是 Python 自带的简洁的 IDE（集成开发环境）。
- Python test suite：Python 标准库测试套件。

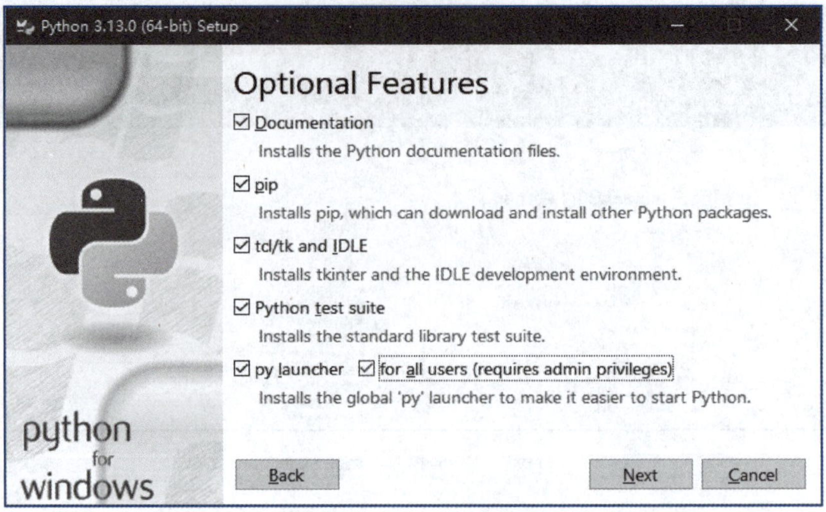

图 1-6 设置可选功能界面

- py launcher：Python Launcher 安装后，可以通过全局命令 py 启动 Python。
- for all users（requires admin privileges）：适合所有用户使用。

（5）保持默认设置，单击“Next”按钮，进入高级选项配置界面，根据自身需要勾选复选框，设置 Python 的安装路径，如图 1-7 所示。

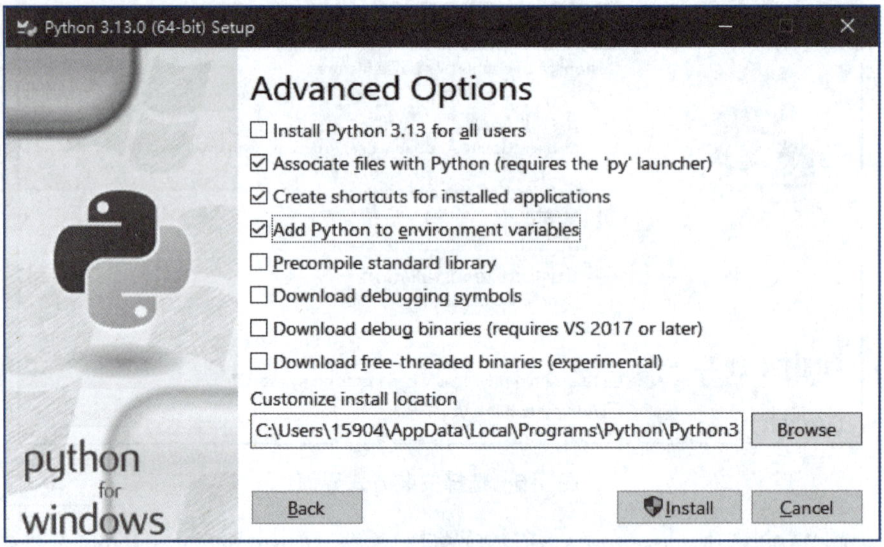

图 1-7 高级选项配置界面

图 1-7 所示的复选框对应的功能如下：

- Install Python 3.13 for all users：为当前计算机中所有用户安装 Python。
- Associate files with Python（requires the 'py' launcher）：关联所有的 Python 文件，.py 等文件打开时默认使用 Python 直接运行。
- Create shortcuts for installed applications：创建快捷方式。
- Add Python to environment variables：将 Python 添加至环境变量。

- Precompile standard library：预编译标准库。
- Download debugging symbols：下载调试符号。
- Download debug binaries（requires VS 2017 or later）：下载调试二进制文件。
- Download free-threaded binaries（experimental）：下载免费实验性多线程二进制文件。

（6）选择安装路径，其他设置采用默认配置，单击“Install”按钮，进入安装界面，如图 1-8 所示。Python 的安装进度非常快，安装成功后的界面如图 1-9 所示，单击“Close”按钮，关闭界面。

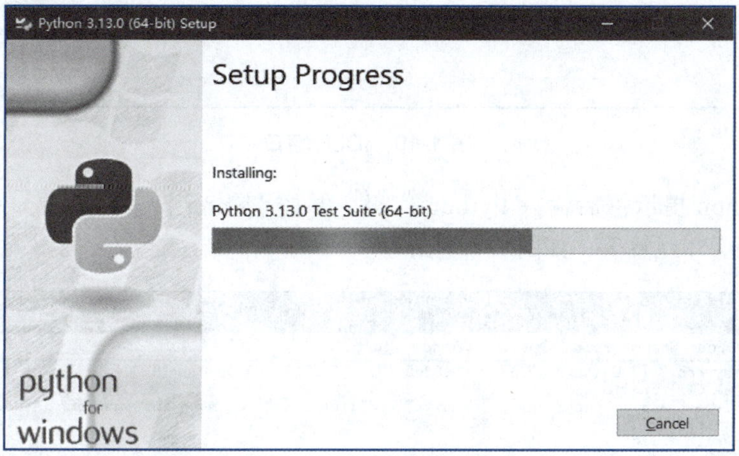

图 1-8　Python 安装界面

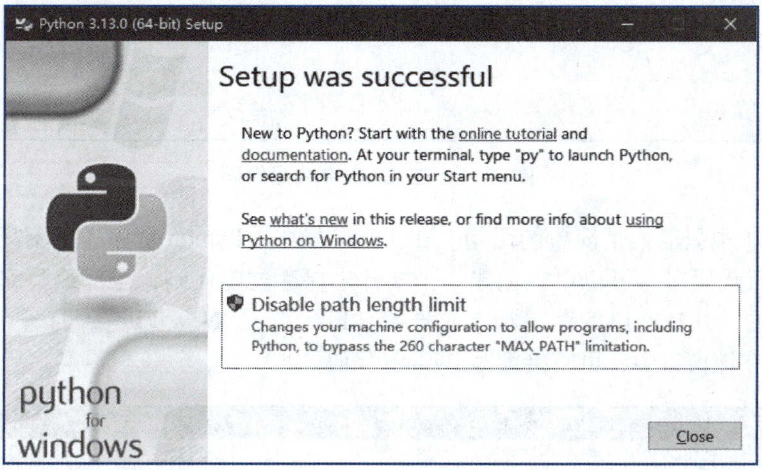

图 1-9　Python 安装成功界面

2. IDLE 的应用

在安装 Python 时，会自动安装 IDLE 工具。IDLE 是 Python 的 IDE，是一个 Python Shell（可以在打开的 IDLE 窗口的标题栏上看到），程序开发人员可以利用 Python Shell 与 Python 进行交互。下面以 Windows10 系统中的 IDLE 为例，详细介绍如何使用 IDLE 开发 Python 程序。

（1）单击系统的开始菜单，然后依次选择“Python 3.13”→“IDLE（Python 3.13 64-bit）”命令，即可打开 IDLE 窗口，如图 1-10 所示。

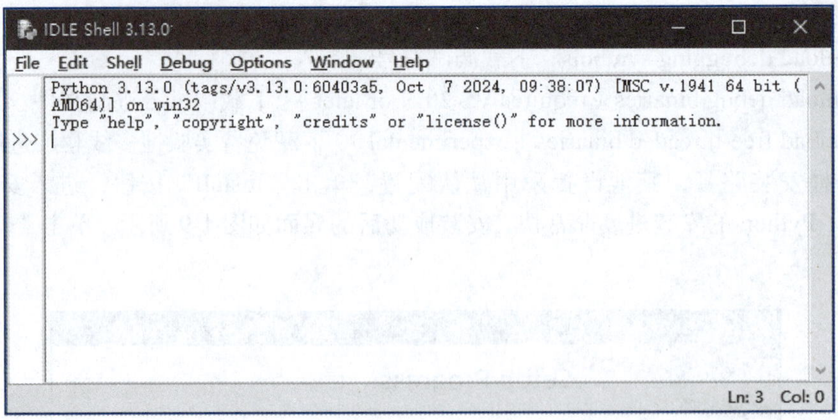

图 1-10 IDLE 窗口

（2）在 Python 提示符后输入 Python 代码，并按【Enter】键。例如，使用 print() 函数输出文字、进行算术运算等，如图 1-11 所示。

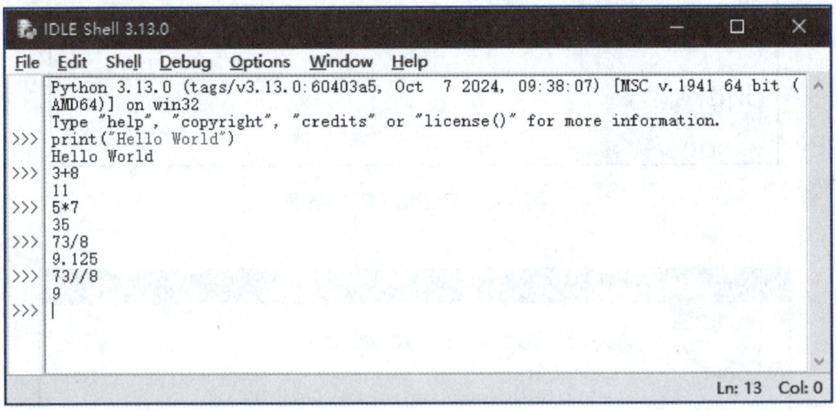

图 1-11 在 IDLE 中编写代码

（3）图 1-11 中只输入了简单的语句。在实际开发中，Python 程序通常不只包含一行代码。当需要编写多行代码时，可以单独创建一个文件来保存这些代码，全部编写完成后一起运行。具体方法为：在 IDLE 窗口的菜单栏上，选择“File”→“New File”，打开一个新窗口，如图 1-12 所示。在该窗口中，可直接编写 Python 代码。

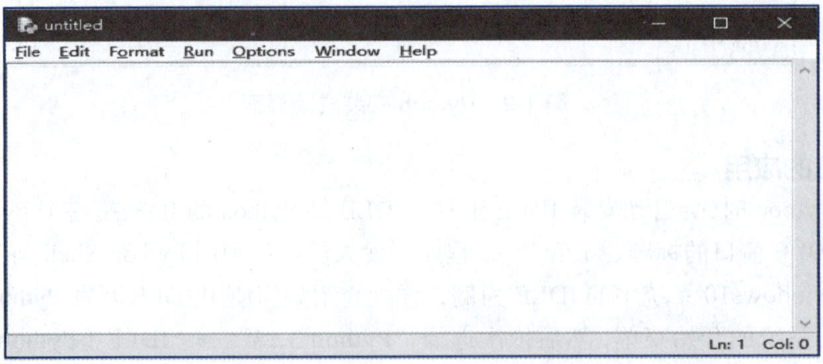

图 1-12 新打开的 Python 文件窗口

（4）输入一行代码后按【Enter】键，将自动换行，等待继续输入。在代码编辑区中，可以编写多行代码。例如，输出社会主义核心价值观，如图 1-13 所示。

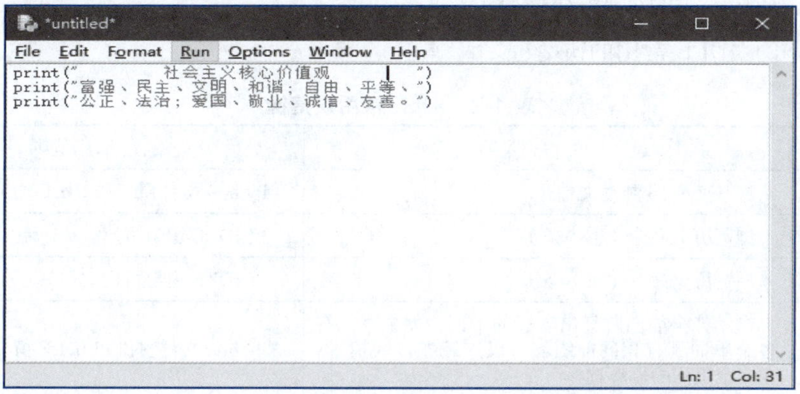

图 1-13　输入代码后的 Python 文件窗口

（5）按【Ctrl+S】组合键或在菜单栏中选择“File”→“Save”命令，保存文件，这里将文件名称设置为 demo.py。其中，.py 是 Python 文件的扩展名。

（6）在菜单栏中选择“Run”→“Run Module”命令（也可按【F5】键），运行代码，如图 1-14 所示。

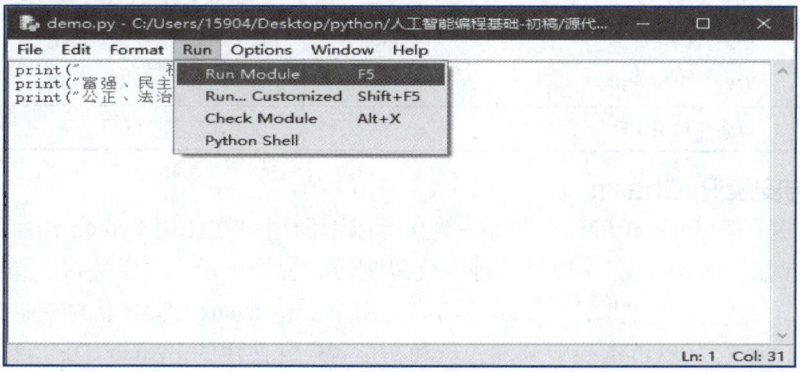

图 1-14　运行代码

（7）运行程序后，回到 IDLE 窗口，显示运行结果，如图 1-15 所示。

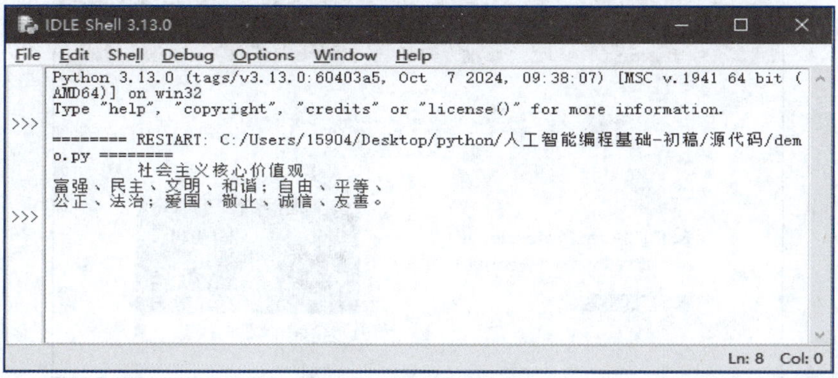

图 1-15　运行结果

（8）在程序开发过程中，正确使用快捷键不但可以降低代码的错误率，而且可以提高开发效率。在 IDLE 中，选择“Options”→“Configure IDLE”命令，弹出“Settings”对话框，选择“Keys”选项卡，可以查看快捷键。

表 1-2 列出了 IDLE 常用的快捷键。

表 1-2　IDLE 常用快捷键

快捷键	说　明	适用范围
F1	打开 Python 帮助文档	Python 文件窗口和 IDLE 均可用
Alt+P	浏览历史命令（上一条）	仅 IDLE 窗口可用
Alt+N	浏览历史命令（下一条）	仅 IDLE 窗口可用
Alt+/	自动补全前面曾经出现过的单词，如果之前有多个单词具有相同前缀，可以连续按该快捷键，在多个单词中循环选择	Python 文件窗口和 IDLE 窗口均可用
Alt+3	注释代码块	仅 Python 文件窗口可用
Alt+4	取消代码块注释	仅 Python 文件窗口可用
Alt+G	转到某一行	仅 Python 文件窗口可用
Ctrl+Z	撤销上一步操作	Python 文件窗口和 IDLE 窗口均可用
Ctrl+Shift+Z	恢复上一次的撤销操作	Python 文件窗口和 IDLE 窗口均可用
Ctrl+S	保存文件	Python 文件窗口和 IDLE 窗口均可用
Ctrl+]	缩进代码块	仅 Python 文件窗口可用
Ctrl+[	取消代码块缩进	仅 Python 文件窗口可用
Ctrl+F6	重新启动 IDLE	仅 IDLE 窗口可用

3. 下载与安装 PyCharm

PyCharm 是一种 Python IDE，带有一整套可以帮助用户在使用 Python 语言开发时提高效率的工具，如调试、语法高亮、项目管理、代码跳转、智能提示、自动完成、单元测试、版本控制等。此外，PyCharm 提供了一些高级功能，用于支持 Django 框架下的专业 Web 开发。目前，PyCharm 已经成为 Python 专业开发人员和初学者广泛使用的 Python IDE。下面对 PyCharm 的下载和安装进行介绍。

（1）访问 PyCharm 官网，进入 PyCharm 的下载页面，如图 1-16 所示。

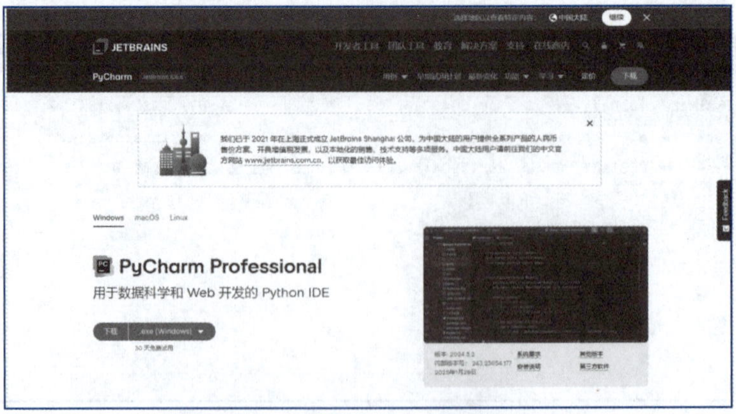

图 1-16　PyCharm 官网首页

用户可以根据不同的平台类型选择要下载的PyCharm，每个平台均可以选择下载Professional和Community两个版本。

① Professional版本的特性如下：

- 提供Python IDE的所有功能，支持Web开发。
- 支持Django、Flask、Google App引擎、Pyramid和web2py等。
- 支持JavaScript、CoffeeScript、TypeScript、CSS和Cython等。
- 支持远程开发、Python分析器、数据库和SQL语句使用等。

② Community版本的特性如下：

- 作为轻量级的Python IDE，只支持Python开发。
- 具有免费、开源、集成的Apache2许可证。
- 提供智能编辑器、调试器，支持重构和错误检查，集成VCS（version control system，版本控制系统）。

（2）单击“下载”按钮，这里选择下载Windows平台下的Community版本。下载成功后，双击安装包进入安装界面，如图1-17所示。

（3）单击“下一步”按钮，进入安装路径选择界面，如图1-18所示。单击“浏览”按钮，选择PyCharm安装路径。

图1-17　PyCharm安装界面

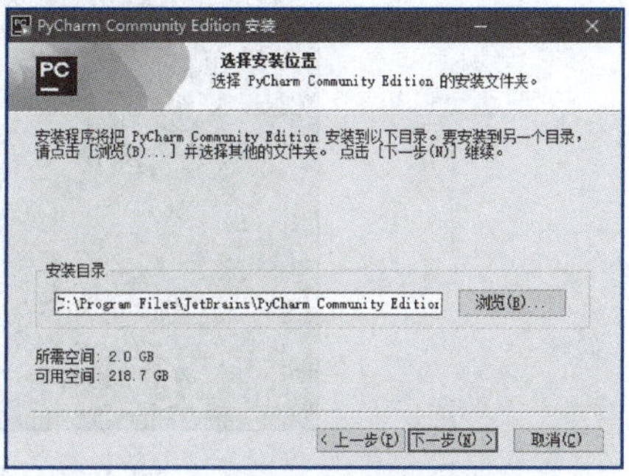

图1-18　安装路径选择界面

（4）单击“下一步”按钮，进入安装选项配置界面，如图1-19所示。

（5）单击“下一步”按钮，进入选择启动菜单界面，如图1-20所示，界面保持默认设置。

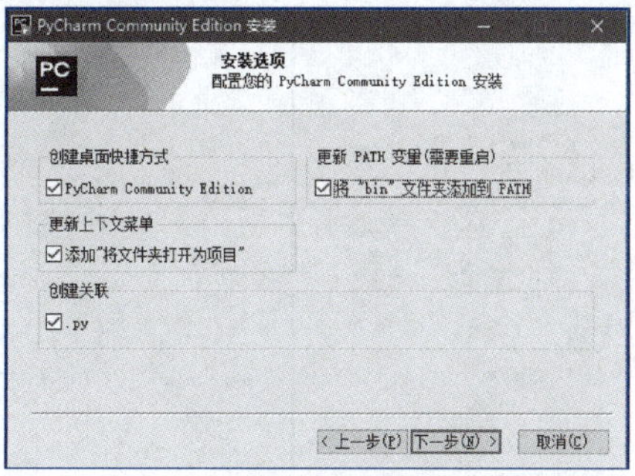

图1-19　安装选项配置界面

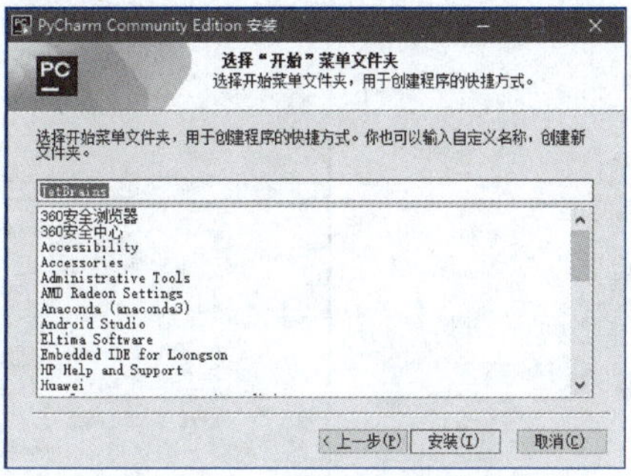

图1-20　选择启动菜单界面

（6）单击“安装”按钮，进入PyCharm安装界面，如图1-21所示。安装完成后提示PyCharm Community Edition安装程序结束信息，如图1-22所示，单击“完成”按钮，完成安装。

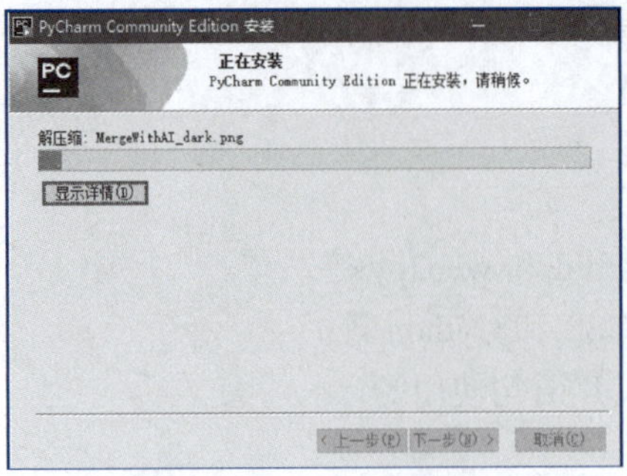

图 1-21　PyCharm 安装界面

图 1-22　PyCharm 安装完成界面

4.PyCharm 的使用

PyCharm 安装完成后，来创建一个 Python 程序，创建步骤如下：

（1）PyCharm 安装完成后，会在桌面上创建一个快捷方式，双击该快捷方式图标进入导入配置文件界面，如图 1-23 所示。图中有两个选项，分别表示配置或安装路径和不导入配置。

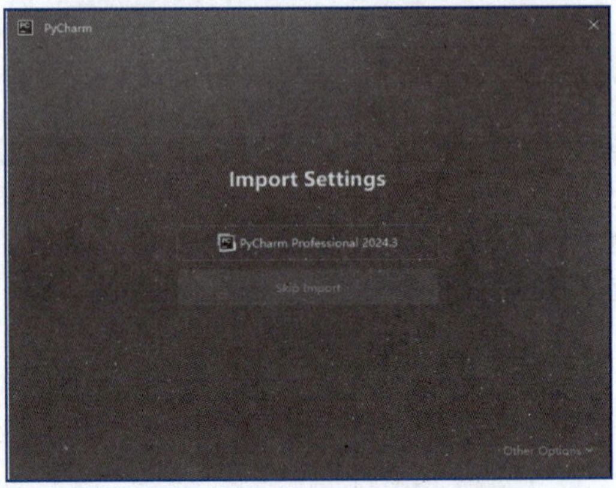

图 1-23　导入配置文件界面

（2）选择“Skip Import”，单击“OK”按钮，进入欢迎界面，选择左侧列表中的“Customize”选项，设置“Theme”（主题）为“Light”，“Language and Region”中“Language”选择“简体中文”，如图 1-24 所示。

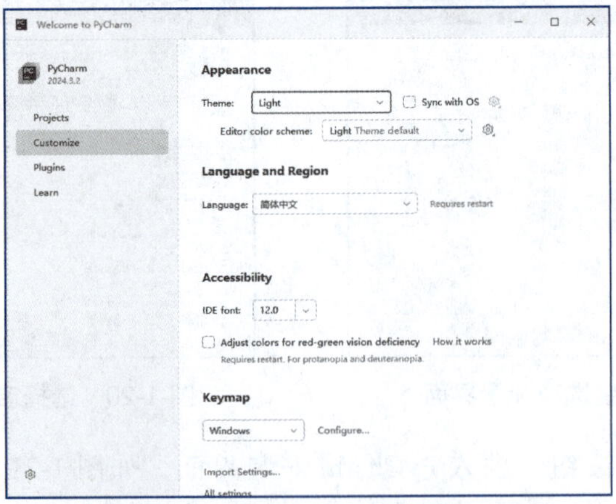

图 1-24　PyCharm 欢迎界面

（3）选择左侧列表的“项目”选项，回到欢迎界面，界面中包括创建新项目和打开项目，单击“新建项目”按钮，创建一个新项目，进入创建项目界面，如图 1-25 所示。

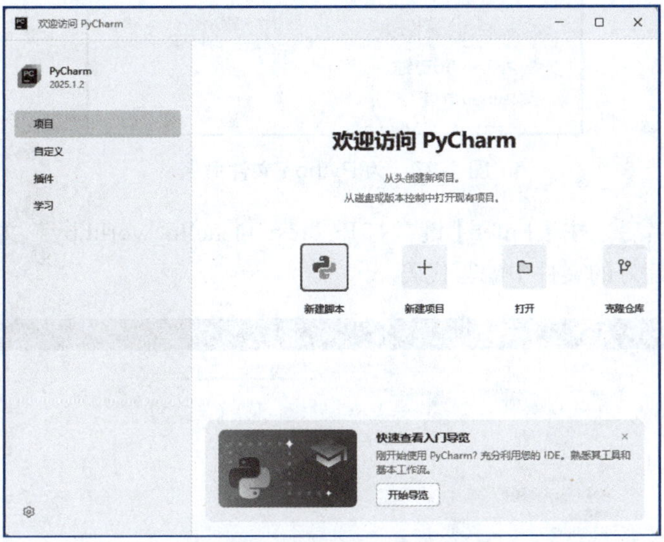

图 1-25　创建项目界面

（4）在创建项目界面顶端的“位置”中选择项目存储路径、设置项目名称，其中“解释器类型”自动关联到前面安装的 Python 3.13 的安装路径。其他设置采用默认值。单击“创建”按钮,创建新项目。在创建新项目时会出现一个小贴士对话框,可以单击“小提示”按钮进行浏览，也可以选中“不显示提示”，单击“关闭”按钮，关闭小贴士对话框。

（5）项目创建完成后，便可以在项目中创建一个 .py 文件。操作方法为：右击项目名称 chapter01，在弹出的快捷菜单中选择“新建”→“Python 文件”命令，如图 1-26 所示。

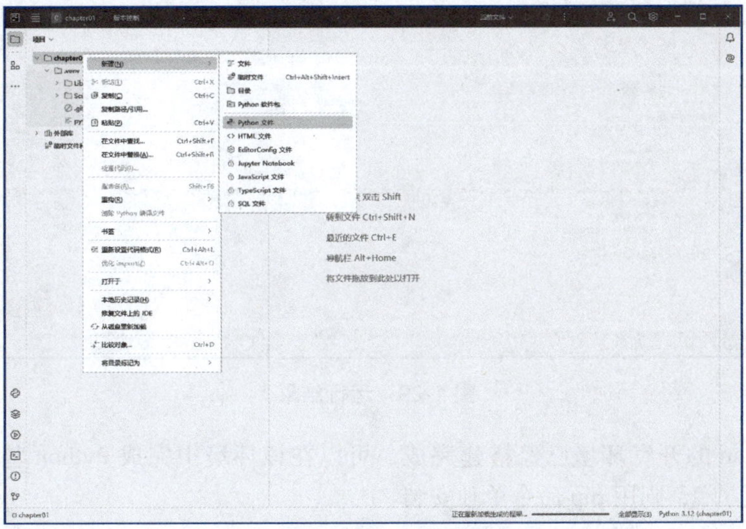

图 1-26　新建 Python 文件

（6）将新建的 Python 文件命名为“test1-1 hello_world.py”，使用默认的文件类型“Python 文件”，如图 1-27 所示。

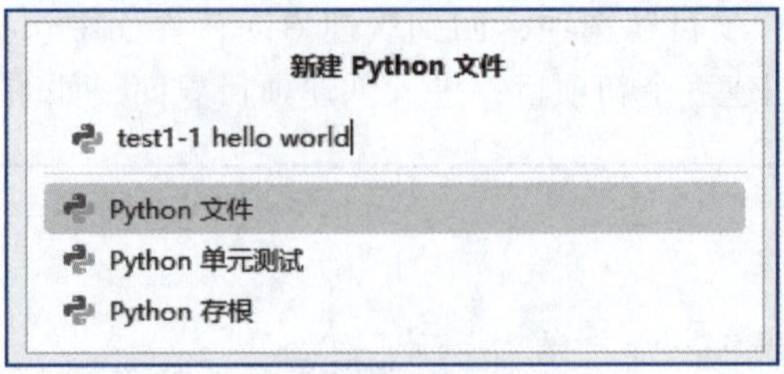

图 1-27　为 Python 文件命名

（7）输入文件名后，按【Enter】键，打开“test1-1 hello_world.py”文件的编辑界面，如图 1-28 所示，在创建好的文件中编写代码。

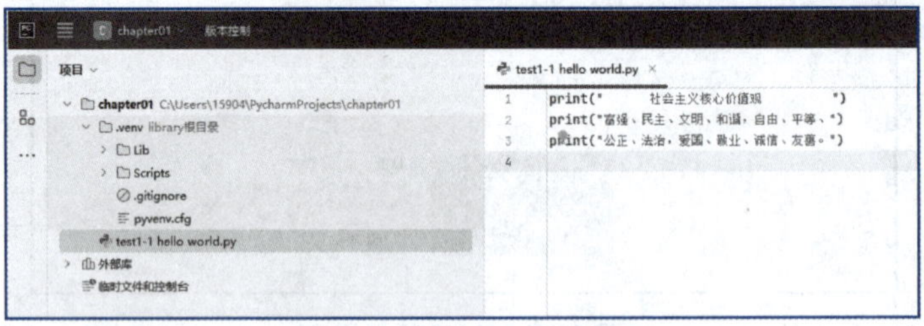

图 1-28　在 PyCharm 中编写代码

（8）代码编写完成后，在图 1-28 所示界面的菜单栏中选择“运行”→“运行 .…”→“test1-1 hello_world”命令，运行“test1-1 hello_world.py”文件（或者在编辑区内右击，在弹出的快捷菜单中选择“运行 test1-1 hello_world”命令运行文件）。运行结果如图 1-29 所示，在界面下方的控制台中输出文字。

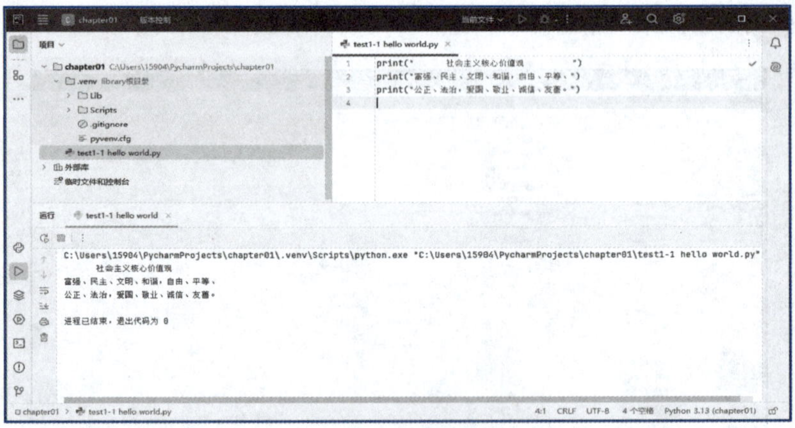

图 1-29　运行结果

至此，Python 的开发环境已经搭建完成，可以在该环境中完成 Python 基础知识的学习。如果需要用第三方库，则用 pip 命令单独安装。

小贴士： PyCharm 有 Professional 和 Community 两个版本。Professional 为专业版，用于商业开发等，是收费软件；Community 为社区版，用于个人学习或培训教育，是完全免费的版本。为保护知识产权，倡议使用正版软件，在此下载 Community 版本仅用于学习。

5. 第三方库的下载与安装

程序开发中不仅需要使用大量的标准库，而且会根据业务需要使用第三方库。在使用第三方库之前，需要使用包管理工具 pip 下载和安装第三方库。由于本书使用的 Python 3.13 中已经自带了 Python 包管理工具 pip，因此无须另行下载。第三方库的下载与安装有以下几种方法。

（1）在命令提示符窗口中下载和安装第三方库。

打开 Windows 的命令提示符窗口，执行 pip install requests 命令，即可下载和安装第三方库 Requests，安装成功后如图 1-30 所示。

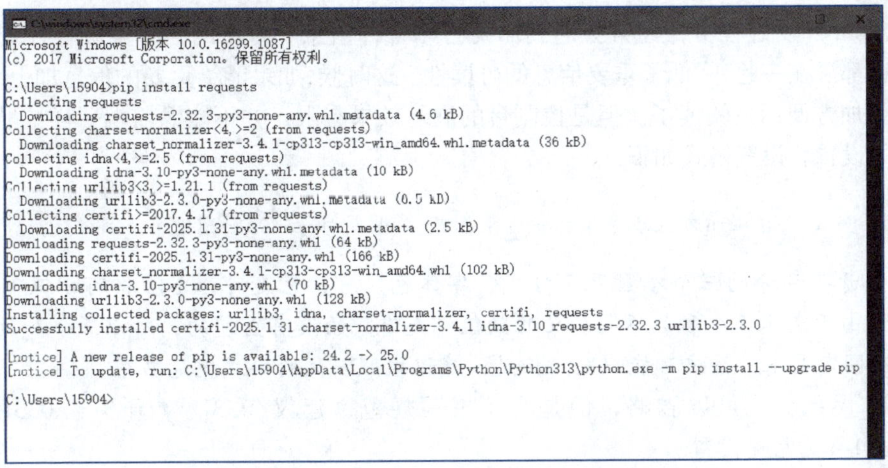

图 1-30　在命令提示符窗口中下载和安装第三方库

（2）在 PyCharm 中下载和安装第三方库。

打开 PyCharm，选择"视图"→"工具窗口"→"终端"命令，打开 Terminal 工具，如图 1-31 所示。输入 pip install coloradd 命令，按【Enter】键，PyCharm 将开始下载并安装 coloradd 库。当在 Terminal 工具中看到"Successfully installed coloradd- 版本号"时，表明 coloradd 库安装成功。

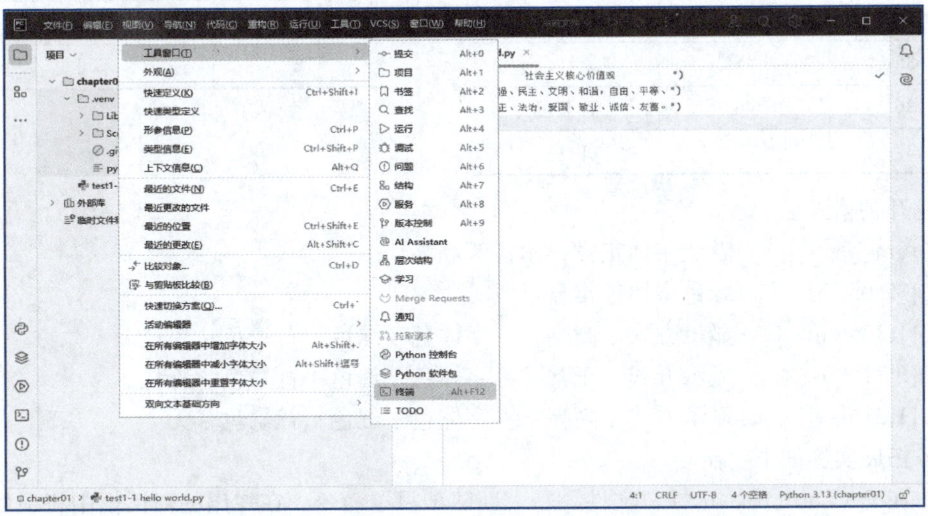

图 1-31　在 PyCharm 中打开终端下载和安装第三方库

任务拓展

根据上述任务的实施，试着采用不同的开发环境输出图 1-32 所示的艺术文字部分。

图 1-32　输出“人民有信仰　民族有希望　国家有力量”

在 Python 开发过程中，经常会遇到需要打印各种信息。海量的信息堆砌在控制台中，就会导致信息都混在一起，降低了重要信息的可读性。这时候，如果能给重要的信息加上字体颜色，那么就会更加方便用户阅读了。但是控制台的展示效果有限，并不能像前端一样炫酷，只能做一些简单的设置。设置格式如下：

```
开头部分：\033[ 显示方式；字体色；背景色 m + 结尾部分：\033[0m
```

注意：开头部分的三个参数显示方式、字体色、背景色是可选参数，可以只写其中的某一个；另外由于表示三个参数不同含义的数值都是唯一的没有重复的，所以三个参数的书写先后顺序没有固定要求，系统都能识别。但是，建议按照默认的格式规范书写。

对于结尾部分，可以省略，但是为了书写规范，建议 \033[*** 开头，\033[0m 结尾。表 1-3 和表 1-4 为常见设置。

表 1-3　字体色、背景色及颜色描述

字体色	背景色	颜色描述
30	40	黑色
31	41	红色
32	42	绿色
33	43	黄色
34	44	蓝色
35	45	紫红色
36	46	青蓝色
37	47	白色

表 1-4　显示方式与效果

显示方式	效果
0	终端默认设置
1	高亮显示
4	使用下划线
5	闪烁
7	反白显示
8	不可见

常见开头格式：

\033[0m　　默认字体正常显示，不高亮
\033[32;0m　　绿色字体正常显示
\033[1;32;40m　　显示方式：高亮　字体色：绿色　背景色：黑色
\033[0;31;46m　　显示方式：正常　字体色：红色　背景色：青色
\033[1;31m　　显示方式：高亮　字体色：红色　背景色：无

任务拓展实施如下：

（1）在 PyCharm 中，选择“文件”→“新建项目”命令，在弹出的对话框中将项目命名为“chapter01”，单击“创建”按钮，创建新项目。

（2）在 PyCharm 中，右击左侧列表中的项目名称 chapter01，在弹出的快捷菜单中选择“新建”→“Python 文件”命令，在弹出的对话框中将文件命名为“任务拓展 1.py”，按【Enter】键，进行代码编辑。

```
print('\033[5;33;41m 人民有信仰 民族有希望 国家有力量\033[0m')
```

运行结果如下图 1-33 所示。

图 1-33　运行结果图

任务二　绘制红色三角形

任务描述

简单图形有很多种，如三角形、四边形、五边形、圆等。它们虽然简单，但也有一定的规律，如圆有半径，三角形有边长和内角等。本任务要求绘制一个红色的等边三角形，图形大小和位置自行设置。效果如图 1-34 所示。

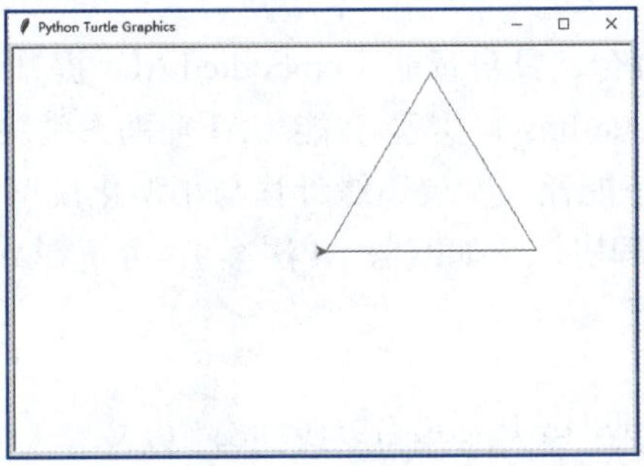

图 1-34　绘制红色三角形效果图

相关知识

1. 人工智能概述

1）定义与目标

人工智能（artificial intelligence，AI）是计算机科学的分支，旨在开发能够模拟人类智能行为的系统，包括学习、推理、感知、决策和语言理解等。其终极目标是实现通用人工智能（AGI）——具备与人类相当的全领域智能。当前主流研究集中在窄人工智能（narrow AI），即在特定任务（如图像识别、语音助手等）中超越人类的表现。

2）发展简史

20 世纪 50 年代奠基期：艾伦 · 图灵提出“图灵测试”，达特茅斯会议（1956 年）正式命名 AI 为学科。20 世纪 80 年代专家系统：基于规则的符号主义方法盛行，但受限于计算能力与知识获取瓶颈。21 世纪最初 10 年深度学习革命：大数据 +GPU 算力 + 算法突破（如 AlexNet、Transformer），推动 AI 进入爆发期。21 世纪第 2 个 10 年多模态与大模型：GPT-4、DALL-E 等跨模态模型兴起，引发 AGI 可行性的广泛讨论。

3）核心技术

机器学习（ML）：通过数据训练模型，分为监督学习（带标签数据）、无监督学习（聚类）、强化学习（奖励机制）。

深度学习（DL）：基于神经网络的层级结构，CNN 处理图像，RNN/Transformer 处理序列数据。

自然语言处理（NLP）：涵盖机器翻译（如 Transformer）、情感分析、对话系统（ChatGPT）。

计算机视觉（CV）：目标检测（YOLO）、图像生成（Stable Diffusion）、医学影像分析。

强化学习（RL）：AlphaGo、自动驾驶中的决策优化。

4）应用领域

医疗：辅助诊断（IBM Watson）、药物研发（AlphaFold 预测蛋白质结构）。

金融：量化交易、反欺诈检测、智能投顾。

交通：自动驾驶、交通流量优化。

教育：个性化学习推荐、智能阅卷系统。

制造业：预测性维护、工业机器人（协作机器人 Cobot）。

娱乐：AI 生成内容（AIGC）、游戏 NPC 智能、影视特效。

5）未来趋势

AGI 探索：通过多模态融合、具身智能（embodied AI）提升通用性。

人机协同：脑机接口（neuralink）、增强智能（AI 辅助人类决策）。

绿色 AI：降低大模型训练能耗，发展边缘计算与小型化模型。

伦理框架：全球性 AI 治理协议（如欧盟 AI 法案）、可解释 AI（XAI）技术。

2.turtle 库的导入与使用

1）导入 turtle 库

导入 turtle 库分为直接导入、导入库并为库取别名，以及导入库中所有的类、函数及变量等。

2）turtle 窗体布局

图 1-35 展示了计算机屏幕与 turtle 窗体的位置关系，计算机屏幕左上角的坐标为（0，0），坐标（startx，starty）是 turtle 窗体的左上角位置，height 为 turtle 窗体的高度，width 为 turtle 窗体的宽度。需要强调的是，在 turtle 窗体内部有一个画布，画布也有一个坐标。

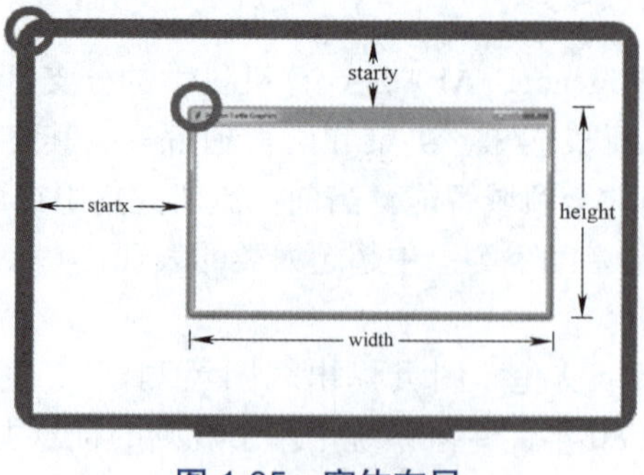

图 1-35 窗体布局

如图 1-36 所示，该坐标系的原点（0，0）在画布的中心位置，海龟默认的运动方向为 x 轴正方向。

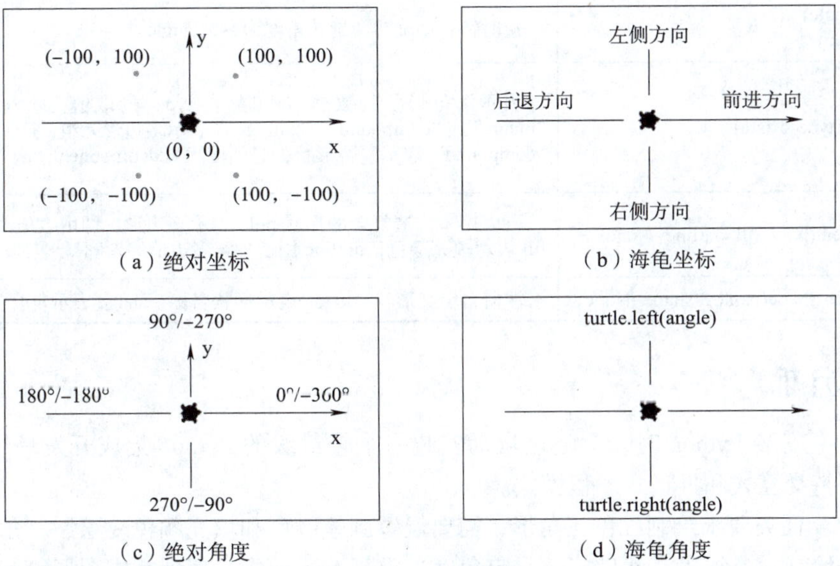

图 1-36　坐标体系

3）相关 turtle 库函数说明

表 1-5 为 turtle 库函数及相关说明。

表 1-5　turtle 库函数表

库函数	说　明
turtle.setup(width, height[, startx, starty])	设置窗体大小，前两个参数分别表示窗体的宽和高，后两个参数表示窗体在屏幕上的位置省略后面两个参数时，窗体默认在计算机屏幕中心
turtle.pencolor(color)	若没有参数传入，则返回当前画笔颜色；若传入参数表示设置画笔颜色，参数值可以是字符串如“green”、“red”等，也可以是 RGB 三元组
turtle.fillcolor(colorstring)	设置图形的填充颜色
turtle.color(colorl, color2)	同时设置画笔颜色（pencolor=colorl）和填充颜色（fillcolor=color2）。如果只有一个参数值，则说明画笔颜色和填充颜色相同
turtle.begin_fill()	在绘制要填充的形状之前调用
turtle.end_fill()	填充上次调用 begin_fill() 之后绘制的形状
turtle.forward(distance) turtle.fd(distance)	向当前画笔方向移动 distance 个像素
turtle.backward(distance) turtle.bk(distance) turtle.back(distance)	向当前画笔相反方向移动 distance 个像素
turtle.goto(x, y)	将画笔移动到坐标为（x，y）的位置
turtle.penup()	提笔，移动时不绘制图形，用于另起一个地方绘制
turtle.pendown()	落笔，移动时绘制图形
turtle.right(angle) turtle.rt(angle)	顺时针移动旋转，旋转角度为参数 angle

续上表

库函数	说　明
turtle.left(angle) turtle.lt(angle)	逆时针移动旋转，旋转角度为参数 angle
turtle.shape(type_, data)	表示海龟形状的数据结构建模。type_ 的取值为字符串 “polygon” “image” 或 “compound”。“polygon” 表示多边形元组，“image” 表示图片，“compound” 表示复合形状，必须使用 addcomponent() 函数来构建
addcomponent(poly, fill, outline=None)	可以用来构造复合的形状 poly 表示多边形，即由数值对构成的元组，fill 表示填充颜色，outline 用于指定多边形的轮廓
turtle.register_shape(name，shape=None)	注册自定义形状，name 表示形状名称，shape 表示复合类对象

任务分析

视频

绘制红色三角形

安装 Python 时，会随之自动安装一个轻量级的 Python 集成开发环境 IDLE，可支持交互式和批量式编程模式。

任务要求绘制红色三角形，需要设置画笔颜色和填充颜色；绘制三角形实际上是先绘制一条线段，然后旋转一定角度，重复上述动作，直到完成图形绘制，需要用到 forward( ) 函数、left( ) 函数或 right( ) 函数；图形内部填充颜色需要用到 begin_fill( ) 函数和 end_fill( ) 函数。绘制三角形时，旋转的角度计算方式如图 1-37 所示。

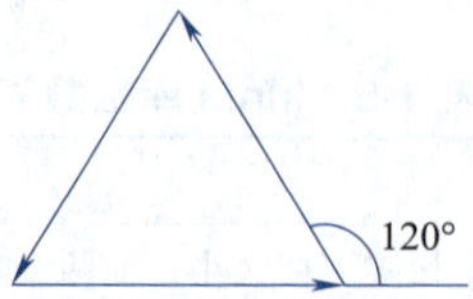

图 1-37　绘制图形分析

任务实施

单击“开始”按钮（任务栏左下角的 Windows 图标），在展开的“开始”菜单中依次选择“Python 3.13”→“IDLE(Python 3.10 64-bit)”即可启动 IDLE。启动 IDLE 后的初始界面如图 1-38 所示。

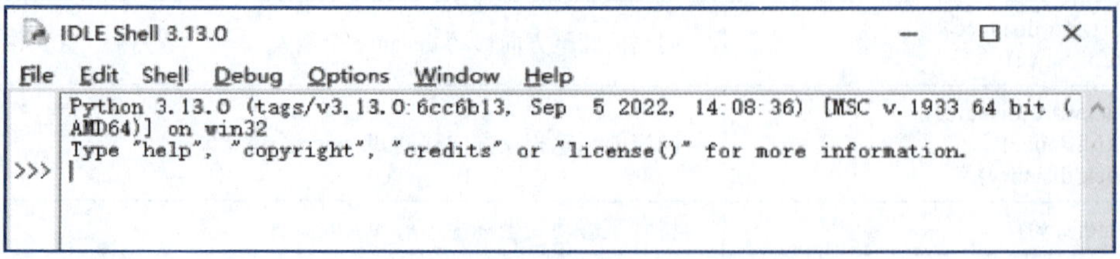

图 1-38　启动 IDLE 后的初始画面

在命令提示符“>>>”之后，输入相应命令并按【Enter】键执行，并返回执行结果或抛出异常，如图 1-39 所示。

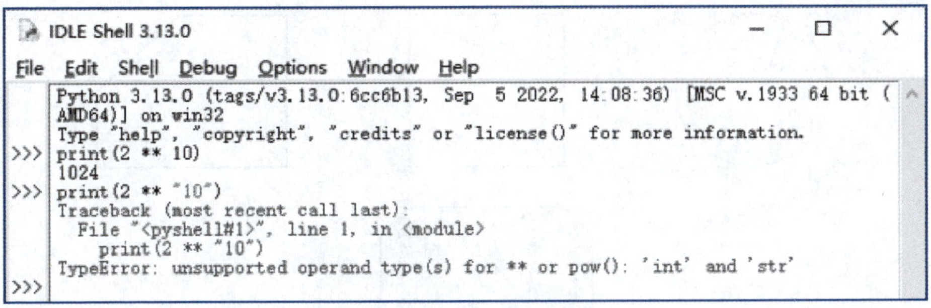

图 1-39　运行结果

在实际开发时，通常会编写多行代码，此时，可以通过 IDLE 创建一个单独的文件来保存并执行这些代码。

（1）在 IDLE 中，依次选择“File”→“New File”命令（或按【Ctrl+N】组合键），在新打开的窗口中编写代码，按【Ctrl+S】组合键命名并保存文件至指定路径（如编辑后未保存，最上方标题栏中的文件名前面会有 * 号）。

```
import turtle as t          # 导入 turtle 库
t.setup(600,400)            # 设置窗体大小为 600*400
# 绘制红色三角形
t.color("red")              # 将画笔颜色和填充颜色设置为红色
t.begin_fill()              # 开启填充指令
t.forward(200)              # 海龟向前移动 200 个单位长度
t.left(120)                 # 海龟方向向左旋转 120°
t.forward(200)              # 海龟向前移动 200 个单位长度
t.left(120)                 # 海龟方向向左旋转 120°
t.forward(200)              # 海龟向前移动 200 个单位长度
t.left(120)                 # 海龟方向向左旋转 120°
t.end_fill                  # 结束填充指令
t.mainloop()
```

（2）在 IDLE 中依次选择“Run”→“Run Module”命令（或按【F5】键），即会弹出 IDLE Shell 窗口并运行程序以及返回结果或抛出错误。

任务拓展

试着绘制一些简单图形：内部无填充的黄色圆、绿色的正方形和蓝色的五边形。试着绘制紫色线条 / 粉色填充的六边形，如图 1-40 所示。

（1）在 PyCharm 中，选择“文件”→“新建项目”命令，在弹出的对话框中将项目命名为“chapter01”，单击“创建”按钮，创建新项目。

（2）在 PyCharm 中，右击左侧列表中的项目名称 chapter01，在弹出的快捷菜单中选择“新建”→“Python 文件”命令，在弹出的对话框中将文件命名为“任务拓展 2.py”，按【Enter】键，进行代码编辑。

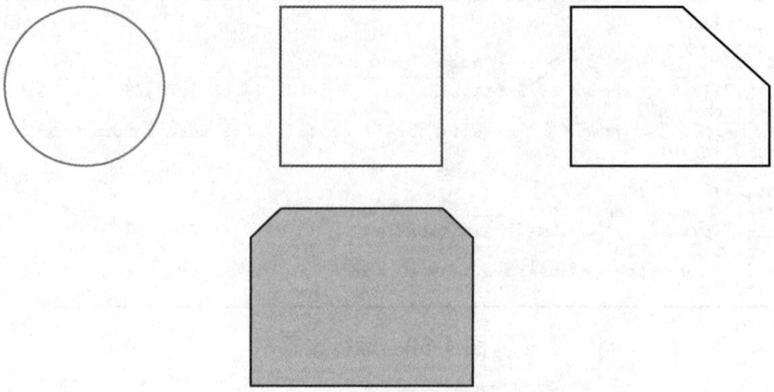

图 1-40　简单图形

```
import turtle                           # 导入 turtle 模块
t = turtle.Turtle()                     # 构建“海龟”对象
t.speed(10)                             # 设置最快的绘画速度
t.pensize(3)
t.hideturtle()                          # 隐藏画笔
t.pencolor("white")
t.backward(250)
t.pencolor("orange")
t.circle(50)                            # 画圆
# 绘制正方形
t.forward(15)
t.pencolor("white")
t.forward(250)
t.pencolor("green")
# 开始绘制绿色正方形
t.left(90)
t.forward(100)
t.left(90)
t.forward(100)
t.left(90)
t.forward(100)
t.left(90)
t.forward(100)
# 绘制多边形
t.pencolor("white")
t.forward(150)
t.pencolor("blue")
# 开始绘制
t.forward(100)
t.left(90)
t.forward(50)
t.left(45)
t.forward(60)
t.left(45)
t.forward(55)
t.left(90)
```

```
    t.forward(95)
    # 绘制填充多边形
    t.pencolor("white")
    t.forward(200)
    t.right(90)
    t.forward(150)
    t.pencolor("purple")
    t.fillcolor("yellow")
    # 开始绘制
    t.begin_fill()
    t.forward(152)
    t.right(90)
    t.forward(80)
    t.right(45)
    t.forward(40)
    t.right(45)
    t.forward(100)
    t.right(45)
    t.forward(40)
    t.right(45)
    t.forward(82)
    t.end_fill()
    turtle.done()      # 停止画笔绘制，但绘图窗口不关闭，IDLE 下窗体是不会关闭的，单击开始
执行的时候，才会关闭
```

运行结果如图 1-41 所示。

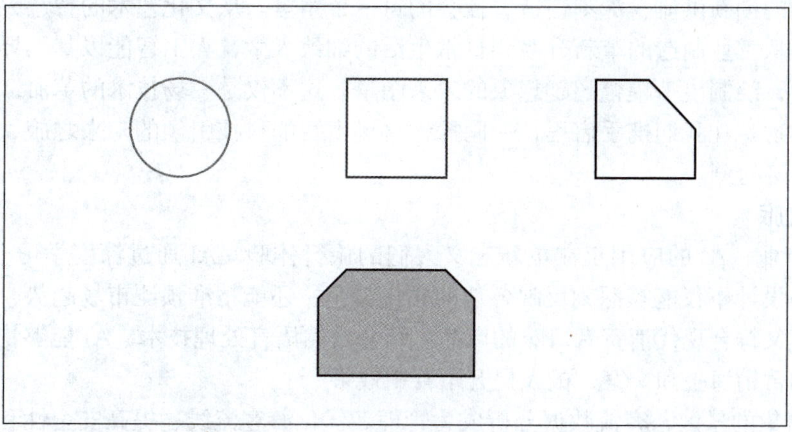

图 1-41　输出的简单图形

任务三　绘制方形炫彩螺

任务描述

turtle 库可以用于绘制漂亮的图形，结合循环语句可绘制绚丽的螺旋线，具体如图 1-42 所示，其中（a）图线条是红色，线条转折的角度为 90°，（b）图线条颜色是蓝色，线条转折角度发生变化。

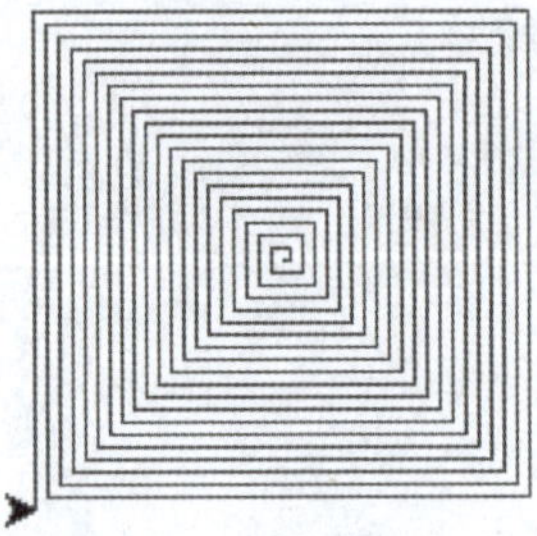

（a）示例 1

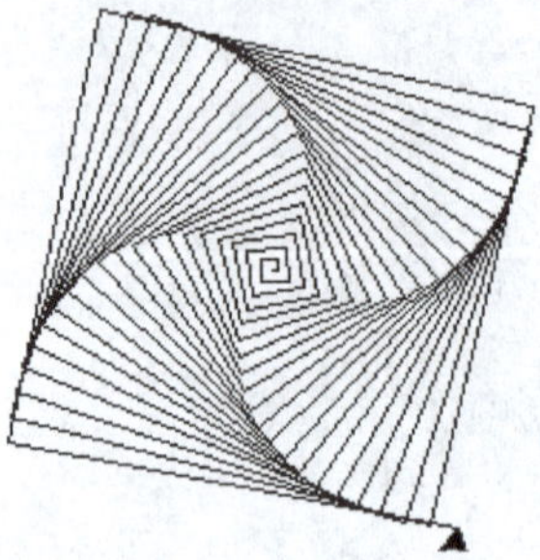

（b）示例 2

图 1-42　方形炫彩螺

相关知识

在这个科技与梦想交相辉映的时代，人工智能已不再停留于遥不可及的概念构想，而是化身为一股汹涌的创新洪流，深刻塑造着社会的每一个角落。从文化艺术的智慧火花到生命科学的精密探索，从工业制造的革新升级到日常生活的细致入微，人工智能以其无界的融合力与无限的创新潜力，绘制出一幅幅超越想象的未来图景。这不仅是一场技术的革命，更是人类文明进步的深刻体现。让我们携手启程，一同探索这场由智能科技引领的未来之旅，见证每一个被智慧点亮的奇迹时刻。

1.AI+ 文旅

在文旅行业，AI 的应用正在重新定义人们的旅行体验。AI 通过深度学习分析历史数据，使得文创产品设计不仅能够深刻反映各地的文化特色，还能精准预测市场趋势，创造出既具有深厚艺术价值又符合现代消费者口味的产品。结合自然语言处理技术，AI 能够快速生成富有创意且吸引人的营销海报和文案，极大提升了营销效果。

在人流密集的景区，客流数据分析成为管理者优化游客流线、提高安全性和游览体验的得力助手。AI 还能够根据用户的个人喜好和行为模式，提供个性化的旅行行程规划和景区路线规划，让每一次旅行都成为独一无二、难以忘怀的体验。

AI 的应用不仅限于前端服务，它在文创产品销售中通过智能推荐系统，根据用户的行为和偏好提供个性化的产品推荐。而数字导览员和智能展品介绍则利用语音识别和合成技术，为游客提供多语言的导览服务，极大地丰富了游客的体验。

此外，AI 还能够提供景区服务咨询，通过自然语言处理和机器学习，智能回答游客的各种问题。沉浸式文化体验结合了 AI 与增强现实（AR）技术，使用户能够通过互动体验更深入地了解文化背景。而数字人与大模型交互则通过高级的图像和语音技术，提供更加逼真和个性化的交互体验，让游客仿佛置身于一个虚拟而真实的文化世界中。

2.AI+ 传媒

传媒行业在 AI 的助力下，内容的生产和分发变得更加高效和智能。文章摘要生成技术能够快速从长篇内容中提取关键信息，为读者节省宝贵的时间。而图片素材生成则能够根据文章主题自动生成相应的图片，增强内容的视觉表现力。

多模态内容检索技术能够同时处理文本、图像和视频等多种数据，快速找到相关内容，极大地提高了检索效率。内容合规审查则利用图像识别和自然语言处理技术，自动识别和过滤违规内容，保障内容的合规性与安全性。

在个性化服务方面，读书助手和虚拟员工能够根据用户的阅读习惯和工作需求，提供个性化的服务和建议。而虚拟角色与互动体验则通过 AI 技术创造出具有个性的虚拟角色，为用户提供更加沉浸和互动的体验。

稿件生成和视频生成技术能够根据给定的关键词和模板，自动生成高质量的稿件和视频内容，大大提高了内容生产的效率。智能剪辑与合成则能够自动识别视频内容的关键帧，实现快速剪辑和合成，为后期制作提供了极大的便利。

3.AI+ 教育

教育领域是 AI 应用的重要舞台。口语对话虚拟老师利用语音识别和自然语言处理技术，为学生提供一对一的语言学习体验，打破了传统教育的时空限制，让学习变得更加灵活和便捷。

教学计划生成和教案生成助手帮助教师根据教学大纲和学生特点，快速制订教学计划和教案，极大提高了教学准备的效率。作业出题和作业批改技术减轻了教师的工作负担，同时通过智能分析，能够为学生提供个性化的学习建议，帮助他们更有效地掌握知识。

辅助编程和文献阅读助手为学生提供了学习上的辅助，尤其在编程和学术研究方面，AI 能够提供实时的指导和建议，帮助学生更快地克服学习难关。

试题库标签分类、招生助手、数据分析等应用，为教育机构提供了强大的管理工具，提高了招生和管理的效率。

4.AI+ 能源

在能源领域，AI 的应用正在帮助企业提高运营效率，降低成本，并增强安全性。电力负荷预测通过分析历史数据和实时数据，预测未来的电力需求，帮助电网运营商优化电力分配，减少能源浪费。

智能材料设计利用计算材料学，设计出性能更优的能源材料，提高能源转换效率，为新能源技术的发展提供了强有力的支持。能源设施故障预测与维护通过机器学习算法，预测设备故障并提前进行维护，减少了意外停机的风险，保障了能源供应的稳定性。

检修助手和电力调度知识库提高了能源设施的运维效率，而 AI 审图和场站巡检则确保了工程质量和安全，为能源项目的顺利实施提供了保障。煤矿安全预警系统通过实时监控和数据分析，及时发现潜在的安全问题，保障矿工的生命安全。

内部知识学习平台和营业厅数智人智能客服为能源行业的员工培训和客户服务提供了新的途径，提高了服务的质量和效率。电网智能客服、智能订单处理与跟踪、智能故障诊断与预防、设备自动报修等应用，为能源企业提供了全面的智能化解决方案，提高了企业的运营效率和市场竞争力。

5.AI+ 医药

医药行业是 AI 技术应用的重要领域之一。AI 药物研发通过计算生物学和机器学习技术，加速新药的发现和开发过程，缩短药物上市时间，降低研发成本，为治疗各种疾病提供了更多可能性。

疾病诊断助手和病例生成助手利用深度学习技术，分析医学影像和临床数据，提高疾病的诊断准确性和效率，帮助医生做出更准确的判断。出院小结生成和处方质量控制为医疗服务提供了质量保障，减少了医疗差错，提高了医疗服务的安全性。

虚拟医药代表和医药 / 医疗器械销售助手通过智能分析市场需求和客户信息，提供个性化的销售策略和建议，帮助企业更好地满足市场需求。院务助手、医学考试培训助手等的应用，为医疗机构的管理和培训提供了便利，提高了医疗服务的专业性和效率。

智能预问诊、智能导诊助手、医学知识问答助手、用药 / 检查推荐、心理疏导服务、检查 / 检验单解读、用药助手、随访科室推荐等应用，为患者提供了全面的医疗服务，提高了医疗服务的质量和效率，让患者享受到更加便捷、个性化的医疗服务。

6.AI+ 制造

制造业作为国民经济的重要支柱，正在经历由 AI 技术驱动的智能化转型。生产数据分析通过实时监控生产线数据，帮助企业优化生产流程，提高生产效率，降低生产成本。

知识管理平台整合企业内部知识资源，为研发和生产提供决策支持，帮助企业快速响应市场变化，提高竞争力。智能需求分析与产品迭代利用数据分析和机器学习技术，快速响应市场变化，实现产品的快速迭代，满足消费者不断变化的需求。

设备巡检和维修知识助理通过预测性维护，减少设备故障，提高生产稳定性，保障生产的连续性。产品设计助手和智能排产利用 AI 技术优化产品设计和生产计划，缩短产品上市时间，提高市场响应速度。

产品咨询助手和智能订单处理与跟踪为销售和服务提供了支持，提高了客户满意度，增强了客户忠诚度。数字人直播和新材料发现为产品推广和研发提供了新的思路，帮助企业开拓新的市场和产品线。

智能采购与库存处理、物流路径优化等的应用，为制造企业的供应链管理提供了智能化的解决方案，降低了运营成本，提高了响应速度和服务质量。

7.AI+ 金融

金融行业是 AI 技术应用的前沿领域之一。金融产品创新设计和交易策略优化利用机器学习和数据挖掘技术，为金融机构提供了竞争优势，帮助其开发出满足市场需求的创新产品和策略。

持仓诊断分析和宏观行情解读为投资者提供了深入的市场洞察，帮助他们做出更明智的投资决策。智能投研和智能尽调提高了金融分析的效率和准确性，降低了投资风险，提高了投资回报。

客群分析和数据分析为金融机构提供了精准的市场洞察，帮助他们更好地理解客户需求，提供个性化服务，增强了客户满意度和忠诚度。金融 App 开发、运维管理、智能外呼等的应用，为金融服务的提供和优化提供了技术支持，提高了服务的便捷性和可靠性。

智能推荐、智能理财助手、智能投教、智能客服等的应用，为金融机构提供了全面的智能化解决方案，提高了服务效率和客户满意度。海报素材生成、营销文案生成、舆情监控、个性化营销等应用，为金融产品的营销和管理提供了智能化的支持，提高了营销效果和市场竞争力。

8.AI+ 出行

出行领域正通过 AI 技术提供更智能化服务。智能调度和销售助手为企业提供高效运营管理工具，优化资源配置，提高运营效率，降低了运营成本。

代码助手和员工培训助手提高员工工作效率和服务质量，提升了企业竞争力。虚拟展厅智能客服和智能用车助手为用户提供了便捷的咨询和服务，改善了用户体验，提高了用户满意度。

智能行程规划和智能客服与产品咨询为用户提供个性化出行方案，提高了出行的便捷性和舒适度。库存管理和车辆制造优化为企业提供优化生产和管理方案，降低了成本，提高了效率。

9.AI+ 零售

零售行业正通过 AI 技术提供更加个性化和智能化的服务。虚拟试衣间和个性化搭配建议为用户提供全新购物体验，提高购物便捷性和满意度。

数字人解说和数字人直播为产品推广提供新方式，增强用户购买欲望。上屏推荐导购和产品自动介绍改善购物体验，提供更直观的产品信息。

智能售后与意见处理提高客户服务效率和质量，提升客户满意度。包装设计图生成、营销海报素材生成等应用提供创新营销工具，提高营销效果。

营销文案生成、商品运营数据分析、客户洞察分析、业务代表产品培训等应用支持零售企业营销和管理，提高效果和效率，增强市场竞争力。

10.AI+ 运营商

运营商领域通过 AI 技术提升服务效率和质量。数字人视频彩铃为用户提供个性化通信服务，增强用户体验。

IT 运维和网络判障提高网络服务稳定性和可靠性。销售助手和办公助手支持内部运营，提高工作效率。

会议纪要和技术方案生成提高工作效率。测试用例生成和代码助手为技术开发提供便利。经营数据分析和企业内部知识平台支持决策，提高决策效率和质量。

任务分析

视 频

绘制方形炫彩螺

在图 1-42 中，图（a）从中心点开始绘制一条线段，向左旋转 90°，再绘制一条略长的线段，再旋转 90°，依此类推。图（b）在图（a）的基础上修改了旋转角度，从外围的线条可以看出基本上属于四边形，旋转角度略大于 90°，此处设置为 91°。

任务实施

（1）在 IDLE 中依次选择“File”→“New File”命令（或按【Ctrl+N】组合键），在打开的窗口中编写下列代码，按【Ctrl+S】组合键命名并保存文件至指定路径。

```
import turtle as t
t.setup(600,400,200,100)#设置窗口大小为600*400，窗体左上角在屏幕的(200,100)位置
t.pencolor("red")
for n in range(80):
    t.forward(2+2*n)
    t.left(90)
t.mainloop()
```

（2）在 IDLE 中依次选择“Run”→“Run Module”命令（或按【F5】键），弹出 IDLE Shell 窗口并运行程序以及返回结果或抛出错误。

（3）修改代码，完成图 1-42（b）对应的代码。

```
import turtle as t
t.setup(600,400,200,100) # 设置窗口大小为 600*400，窗体左上角在屏幕的 (200,100) 位置
t.pencolor("blue")       # 笔的颜色由红色变成蓝色
for n in range(80):
    t.forward(2+2*n)
    t.left(91)           # 旋转角度由 90° 变成 91°，略大于 90°
t.mainloop()
```

任务拓展

通过改变画笔宽度、循环次数、移动距离、旋转角度和颜色等，尝试不同的炫彩螺图形，如图 1-43 所示。

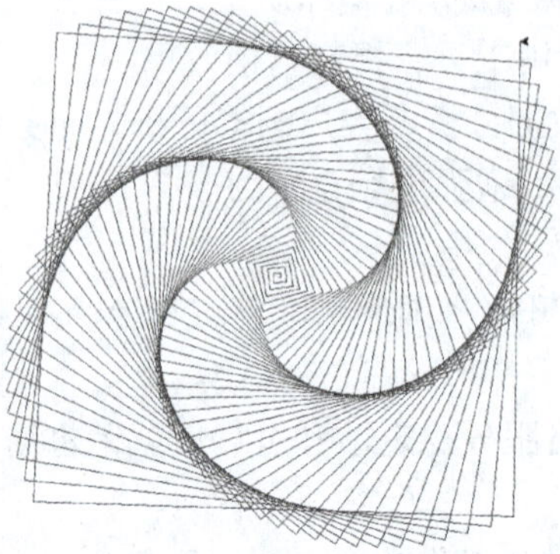

图 1-43　不同的炫彩螺

（1）在 PyCharm 中，选择“文件”→“新建项目”命令，在弹出的对话框中将项目命名为“chapter01”，单击“创建”按钮，创建新项目。

（2）在 PyCharm 中，右击左侧列表中的项目名称 chapter01，在弹出的快捷菜单中选择“新建”→“Python 文件”命令，在弹出的对话框中将文件命名为“任务拓展 3.py”，按【Enter】键，进行代码编辑。

```
import turtle as t
t.setup(600,400,200,100)   # 设置窗口大小为 600*400，窗体左上角在屏幕的 (200,100) 位置
t.pencolor("green")        # 笔的颜色由红色变成蓝色
for n in range(180):
    t.forward(2+2*n)
    t.left(91)             # 旋转角度由 90° 变成 91°，略大于 90°
t.mainloop()
```

项目总结

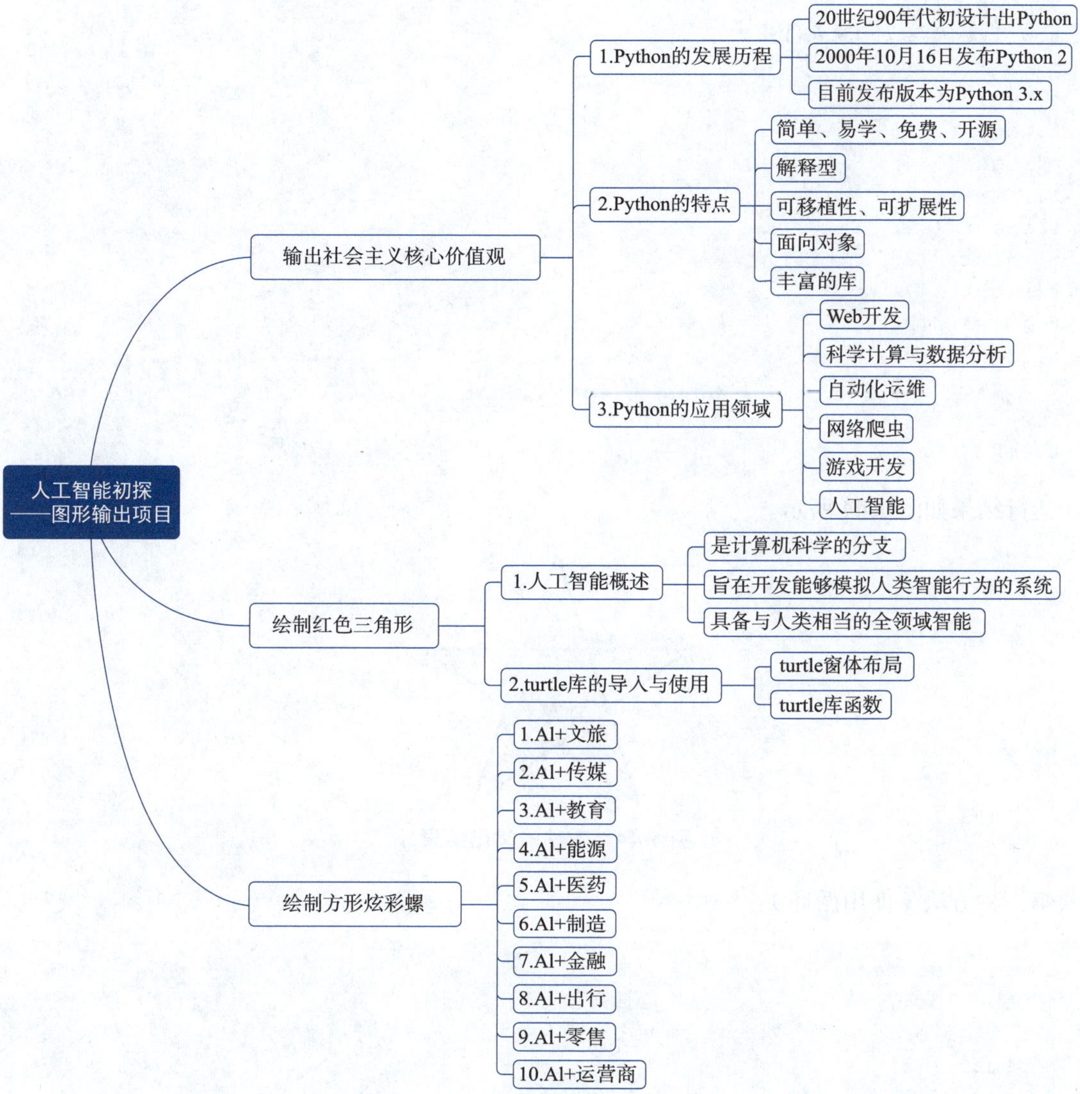

项目拓展

用本项目所学的知识绘制五角星，要求：红色边框，黄色填充。

（1）在 PyCharm 中，选择“文件”→“新建项目”命令，在弹出的对话框中将项目命名为“chapter01”，单击“创建”按钮，创建新项目。

（2）在 PyCharm 中，右击左侧列表中的项目名称 chapter01，在弹出的快捷菜单中选择“New”→“Python File”命令，在弹出的对话框中将文件命名为“项目拓展 .py”，按【Enter】键，进行代码编辑。

第一种方法：

```
import turtle as t
t.pencolor("red")              # 边框颜色
t.fillcolor("yellow")          # 颜色填充函数
t.pensize(3)
t.write("这是一颗五角星")

t.begin_fill()
t.forward(200)
t.right(144)
t.forward(200)
t.right(144)
t.forward(200)
t.right(144)
t.forward(200)
t.right(144)
t.forward(200)
t.end_fill()
t.done()
```

运行结果如图 1-44 所示。

图 1-44　方法一输出结果

第二种方法（使用循环）：

```
import turtle as t
t.pencolor("red")              # 边框颜色
t.fillcolor("yellow")          # 颜色填充函数
t.pensize(3)
t.begin_fill()
while True:
    t.forward(200)
    t.right(144)
    if abs(t.pos()) < 1:       # 看画笔是否回到原点，回到原点为真
        break
t.end_fill()
t.done()
```

运行结果如图 1-45 所示。

图 1-45　方法二输出结果

第三种方法（只绘制边框）：

```
import turtle as t
t.pencolor("red")                                    # 边框颜色
t.fillcolor("yellow")                                # 颜色填充函数
t.pensize(3)
t.write(" 这是一颗五角星 ")

t.begin_fill()
for i in range(5):
    t.forward(100)
    t.right(144)
    t.forward(100)
    t.right(-72)
t.end_fill()
t.done()
```

运行结果如图 1-46 所示。

图 1-46　方法三输出结果

项目二

人工智能初级编程——科学计算器项目

学习目标

◎知识目标

1. 掌握 Python 变量与数据类型
2. 掌握 Python 运算符
3. 掌握 Python 字符串
4. 掌握 Python 的选择控制语句
5. 掌握 Python 的循环控制语句

◎能力目标

1. 能够使用 Python 开发科学计算器项目
2. 能够使用各种运算符进行编程
3. 能够根据具体项目，使用合适的控制语句
4. 能够具体解决人工智能方面的问题

◎素质目标

1. 具有严谨的工作态度，根据需求设计任务
2. 具有具体问题具体分析的能力
3. 具有良好的编码规范和职业素养

项目导入

设计一个科学计算器，采用人机交互界面，完成以下数据采集与分析：

（1）对输入的数据能够进行数据类型转换和进制转换；

（2）对输入的数据能够进行算术运算和赋值运算，对于表达式能够进行逻辑运算和比较运算；

（3）对输入的字符、数字或汉字能够进行 Unicode 码相互转换；

（4）对输入的多个数据能够进行排序；

（5）能够输出九九乘法表和杨辉三角形；

（6）能够在指定区间内查找特殊数，比如水仙花数和完数；

（7）能够隐藏手机号码中间 4 位；

（8）能够分析身份证号码，获取出生年月日和年龄等个人信息；

（9）能够判断某一年是否为闰年；

（10）能够对一组数据进行等级分类；

（11）能够实现现实生活中的分段计费。

根据上述项目要求，现将项目划分为六个子任务，具体见表 2-1。

表 2-1　科学计算器项目的任务清单

项目名称	任务名称	任务功能
科学计算器项目	科学计算器界面	科学计算器界面输出和选择输入
	数据转换	数据类型的转换和进制转换
	运算符应用	算术运算、赋值运算、比较运算、逻辑运算
	字符串应用	手机号码隐藏、获取个人信息、Unicode 码转换
	选择类应用	排序、闰年判断、等级分类、分段计费
	循环类应用	九九乘法表、杨辉三角形、区间素数、区间水仙花数、区间完全数

其中，每个子任务所对应知识点思维导图如图 2-1 所示。

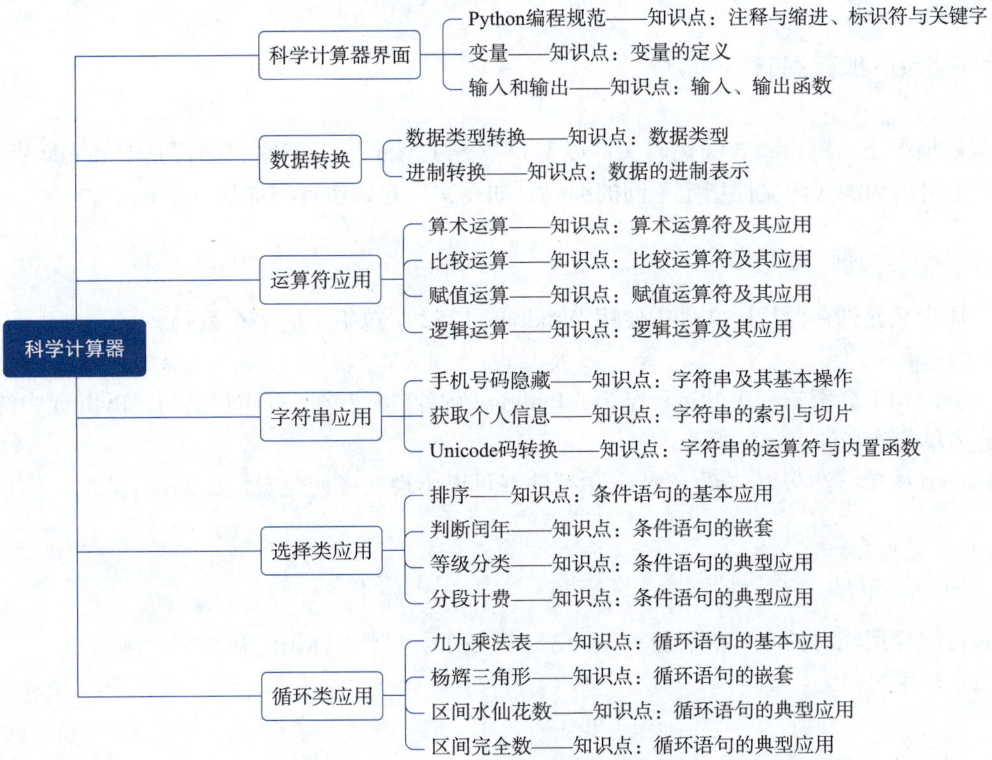

图 2-1　科学计算器项目的思维导图

任务一　科学计算器界面

任务描述

设计科学计算器的界面，提示以下功能，供用户进行选择：

（1）完成指定数据转换：数据类型和进制转换；

（2）完成指定运算符运算：算术运算、赋值运算、比较运算和逻辑运算；

（3）完成指定字符串应用：手机号码隐藏、获取个人信息、Unicode 码转换；

（4）完成指定选择类应用：排序、闰年判断、等级分类和分段付费；

（5）完成指定循环类应用：九九乘法表、杨辉三角形、水仙花数、完全数等。

用户根据界面提示选择指定功能，还可以选择退出科学计算器，如图 2-2 所示。

```
                               多功能科学计算器系统
数据转换：1--数据类型转换              2--数据进制转换
运算符运算：3--算术运算  4--赋值运算        5--比较运算       6--逻辑运算
字符串应用：7--手机号码隐藏            8--获取个人信息  9--Unicode码转换
选择类应用：10--冒泡排序              11--闰年判断   12--等级分类     13--分段付费
循环类应用：14--九九乘法表            15--杨辉三角形  16--区间水仙花数          17--区间完全数
0--退出
请选择功能：
```

图 2-2　科学计算器界面

相关知识

1.Python 编程规范

1）编码

默认情况下，Python 3 源代码文件以 UTF-8 格式编码，所有字符串都是 Unicode 字符串。当然，也可以为源代码文件指定不同的编码，如在文件起始位置添加如下语句：

```
# -*- coding:cp1252 -*-
```

上述定义允许在源代码文件中使用 Windows-1252 字符集中的字符编码。

2）注释

注释语句不会影响程序的运行结果，Python 解释器将忽略所有注释语句。Python 中的注释语句分为单行注释和多行注释。

Python 中单行注释以“#”开头，单行注释可以出现在任何位置。例如：

```
# 这是一个注释
print("Hello,World!")    # 输出 Hello,World! 字符串
```

多行注释用成对的 3 个单引号（'''）或 3 个双引号（"""）标识注释文字，例如：

（1）单引号。

```
'''
这是多行注释，用成对的 3 个单引号
这是多行注释，用成对的 3 个单引号
```

```
这是多行注释，用成对的 3 个单引号
'''
print("Hello,World!")
```

（2）双引号。

```
"""
这是多行注释，用成对的 3 个双引号
这是多行注释，用成对的 3 个双引号
这是多行注释，用成对的 3 个双引号
"""
print("Hello,World!")
```

3）缩进

Python 最具特色的功能之一是使用缩进来识别代码块而不是使用花括号“{}”。缩进的空格数是可变的，但是同一个代码块中的语句必须使用相同的缩进空格数。例如：

```
if True:
    print("True")
else:
    print("False")
```

如果缩进空格数不一致，将会导致运行错误，例如：

```
if True:
    print("Answer")
    print("True")
else:
    print("Answer")
      print("False")                # 缩进空格数不一致，会导致运行错误
```

以上程序由于缩进空格数不一致，运行后会出现类似以下错误：

```
C:\msys32\mingw32\bin\python.exe
C:\Users\15904\PycharmProjects\chapter02\chapter02.py
  File "C:\Users\15904\PycharmProjects\chapter02\chapter02.py", line 28
    print("False")                # 缩进空格数不一致，会导致运行错误
IndentationError: unexpected indent
```

4）语句换行

Python 通常是一条语句占一行，但如果语句很长，可以使用反斜线“\”来标识多行语句，也可以使用圆括号标识，例如：

```
num_one = 3
num_two = 4
num_three = 5
total = num_one + \
        num_two + \
        num_three
total1 = (num_one +
```

```
            num_two +
            num_three)
print(total,total1)
```

另外，在“[]”“{}”“()”中的多行语句，不需要使用反斜线“\”标识，例如：

```
total = ["num_one","num_two","num_three",
"num_four","num_five"]
print(total)
```

5）标识符与关键字

标识符是变量、函数、类、模块和其他对象的总称。标识符的第一个字符必须是字母表中的字母或下画线“_”，其他部分由字母、数字和下画线组成。标识符区分大小写，在 Python 3 中，允许使用非 ASCII 标识符，即可以使用中文字符作为变量名。例如：

```
num_one = 3
数字2 = 5
num_three = 8
total = num_one + \
        数字2 + \
        num_three
print(total)
```

关键字即预定义保留标识符。关键字不能在程序中当作标识符，否则会导致编译错误。Python 的标准库提供了 keyword 库，可用于输出当前版本的所有关键字，例如，在 Python IDLE 中输入如下语句并按【Enter】键：

```
>>>import keyword
>>>keyword.kwlist
```

运行结果如图 2-3 所示：

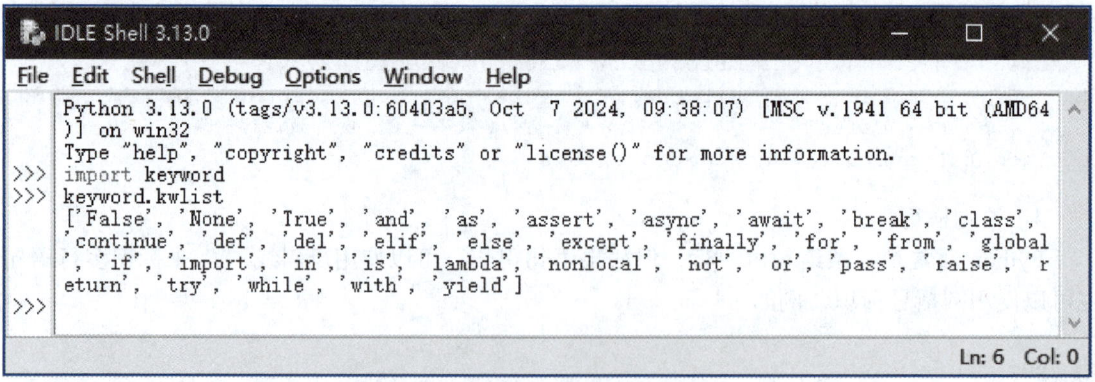

图 2-3　当前版本的所有关键字

2. 变量

Python 程序运行过程中可能会产生一些临时数据，程序会将这些数据保存在内存单元中，并使用不同的标识符来标识各个内存单元。这些具有不同标识符、存储临时数据的内存单元称为变量，标识内存单元的符号则称为变量名，内存单元中存储的数据就是变量的值。

在 Python 中，定义变量的方式非常简单，只需要指定数据和变量名即可。变量的定义方式如下：

```
变量名 = 数据
```

变量的命名应遵循以下规则：

（1）由字母、数字和下画线组成，且不能以数字开头。

（2）具有字母大小写敏感性。

（3）变量命名需通俗易懂、见名知意。

（4）如果变量名由两个或两个以上单词构成，单词与单词之间用下画线连接。例如：

```
num_one = 4
num_two = 5
num_three = num_one + num_two
```

3. 输入和输出

程序要实现人机交互功能，不仅需要能够向显示设备输出有关信息及提示，同时也要能够接收从键盘输入的数据。Python 提供了用于实现输入和输出功能的函数 input() 和 print()，下面分别对这两个函数进行介绍。

（1）input() 函数。input() 函数用于接收一个标准输入数据，返回一个字符串类型数据，其语法格式为：

```
input("prompt")          #prompt 表示输入提示信息，用单引号或双引号标识
```

（2）print() 函数。print() 函数用于向控制台输出数据，是最常见的一个函数，它可以输出任何类型的数据。其语法格式如下：

```
print(*objects,sep='',end='\n',file=sys.stdout,flush=False)
```

print() 函数各个参数的含义如下：

- objects：表示输出对象。输出多个对象时，需要用逗号分隔。
- sep：用来间隔多个对象，默认值为一个空格。
- end：用来设定以什么结尾。默认值为换行符“\n”，可以使用其他字符串。
- file：表示要写入的文件对象。
- flush：表示输出是否被缓存，通常取决于 file。如果 flush 关键字参数为 True，数据流会被强制刷新。

下面使用输入函数和输出函数模拟用户登录功能，代码如下：

```
user_name = input('请输入你的账号：')
password = input('请输入你的密码：')
print('你的账号为：',user_name,'你的密码为：',password)
print('登录成功')
```

运行代码，输入账号和密码后按【Enter】键，结果为：

```
请输入你的账号：admin
请输入你的密码：123456
你的账号为：admin 你的密码为：123456
登录成功
```

任务分析

视频

科学计算器界面

具体问题具体分析，任务要求输出指定提示，使用 printf() 函数进行分行提示输出，并提示用户进行功能选择。在用户进行功能选择时，需要使用 input() 函数，该函数接收的数据类型为字符串类型数据，需要使用 int() 函数将字符串类型转换成整型数据。

任务实施

（1）在 PyCharm 中，选择“文件”→“新建项目”命令，在弹出的对话框中将项目命名为“chapter02”，单击“创建”按钮，创建新项目。

（2）在 PyCharm 中，右击左侧列表中的项目名称 chapter02，在弹出的快捷菜单中选择“新建”→“Python 文件”命令，在弹出的对话框中将文件命名为“科学计算器 .py”，按【Enter】键，进行代码编辑。

```
print("\t\t\t\t 多功能科学计算器系统 ")
print(" 数据转换：1-- 数据类型转换 \t2-- 数据进制转换 ")
print(" 运算符运算：3-- 算术运算 \t4-- 赋值运算 \t5-- 比较运算 \t6-- 逻辑运算 ")
print(" 字符串应用：7-- 手机号码隐藏 \t8-- 获取个人信息 \t9--Unicode 码转换 ")
print(" 选择类应用：10-- 冒泡排序 \t11-- 闰年判断 \t12-- 等级分类 \t13-- 分段付费 ")
print(" 循环类应用：14-- 九九乘法表 \t15-- 杨辉三角形 \t16-- 区间水仙花数 \t17-- 区间完全数 ")
print("0-- 退出 ")
choice = int(input(" 请选择功能：")) 
if choice == 0:
    exit(0)
elif choice == 1:
```

任务拓展

修改程序代码，使用户可以不间断选择功能，直到选择退出，如图 2-4 所示。

（1）在 PyCharm 中，选择“文件”→“新建项目”命令，在弹出的对话框中将项目命名为“chapter02”，单击“创建”按钮，创建新项目。

（2）在 PyCharm 中，右击左侧列表中的项目名称 chapter02，在弹出的快捷菜单中选择“新建”→“Python 文件”命令，在弹出的对话框中将文件命名为“任务拓展 1.py”，按【Enter】键，进行代码编辑。

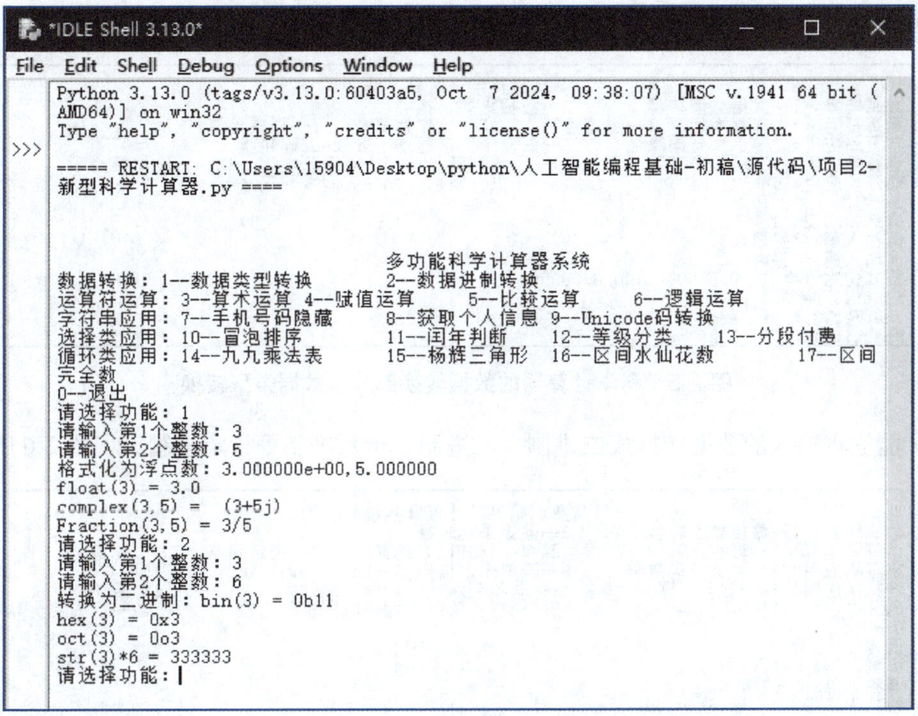

图 2-4　用户不间断选择运行结果图

```
# coding=utf-8
print()
print()
print()
print("\t\t\t\t\t多功能科学计算器系统")
print("数据转换：1--数据类型转换\t2--数据进制转换")
print("运算符运算：3--算术运算\t4--赋值运算\t5--比较运算\t6--逻辑运算")
print("字符串应用：7--手机号码隐藏\t8--获取个人信息\t9--Unicode码转换")
print("选择类应用：10--冒泡排序\t11--闰年判断\t12--等级分类\t13--分段付费")
print("循环类应用：14--九九乘法表\t15--杨辉三角形\t16--区间水仙花数\t17--区间完全数")
print("0--退出")
while(True):
    choice = int(input("请选择功能："))
    if choice == 0:
        exit(0)
    elif choice == 1:
```

任务二　数据转换

任务描述

设计科学计算器的数据转换部分，可以完成以下功能：

（1）能够将输入的数据转换成浮点数、复数和分数等指定数据类型，如图 2-5 所示。

```
                              多功能科学计算器系统
数据转换：1--数据类型转换          2--数据进制转换
运算符运算：3--算术运算 4--赋值运算       5--比较运算      6--逻辑运算
字符串应用：7--手机号码隐藏        8--获取个人信息 9--Unicode码转换
选择类应用：10--冒泡排序           11--闰年判断     12--等级分类     13--分段付费
循环类应用：14--九九乘法表         15--杨辉三角形   16--区间水仙花数        17--区间完全数
0--退出
请选择功能：1
请输入第1个整数：3
请输入第2个整数：6
格式化为浮点数：3.000000e+00,6.000000
float(3) = 3.0
complex(3,6) =  (3+6j)
Fraction(3,6) = 1/2
```

图 2-5　科学计算器的数据转换部分：数据类型转换

（2）能够将输入的数据转换成二进制、八进制、十六进制等指定进制，如图 2-6 所示。

```
                              多功能科学计算器系统
数据转换：1--数据类型转换          2--数据进制转换
运算符运算：3--算术运算 4--赋值运算       5--比较运算      6--逻辑运算
字符串应用：7--手机号码隐藏        8--获取个人信息 9--Unicode码转换
选择类应用：10--冒泡排序           11--闰年判断     12--等级分类     13--分段付费
循环类应用：14--九九乘法表         15--杨辉三角形   16--区间水仙花数        17--区间完全数
0--退出
请选择功能：2
请输入第1个整数：3
请输入第2个整数：6
转换为二进制：bin(3) = 0b11
hex(3) = 0x3
oct(3) = 0o3
str(3)*6 = 333333
```

图 2-6　科学计算器的数据转换部分：数据进制转换

相关知识

1. 数字类型

表示数字或数值的数据类型称为数字类型。数字类型是 Python 程序中基本的数据类型。Python 内置的数字类型有整数类型（int）、浮点数类型（float）、复数类型（complex），它们分别对应数学中的整数、小数和复数。此外，Python 还有一种比较特殊的整型——布尔类型（boolean）。下面对 Python 的这四种数字类型分别进行讲解。

1）整型

类似 -4、-5、0、3、5 这样的数据称为整型数据。在 Python 中可以使用四种进制表示整型，分别为二进制（以“OB”或“0b”开头）、八进制（以“0o”或“0O”开头）、十进制（默认表示方式）、十六进制（以“0x”或“0X”开头）。例如，使用二进制、八进制、十进制、十六进制的数据进行数学运算，代码如下：

```
num1=0b101011                              # 二进制
num2=0o453                                 # 八进制
num3=45                                    # 十进制
num4=0xAB4                                 # 十六进制
print(num1,num2,num3,num4)
num5 = num1+num2+num2+num4                 # 将四个不同进制的数据相加，输出计算结果
print(num5)                                # 输出四个变量对应的数据
```

运行结果为：

```
43 299 45 2740
3381
```

可见，print() 函数会将不同进制的数据转换成十进制数据，不同进制数据之间的运算结果是十进制数据。

对于十进制整数，可以使用 bin() 函数转换为二进制字符串，使用 oct() 函数转换为八进制字符串，使用 hex() 函数转换为十六进制字符串。

2）浮点型

类似 1.1、0.6、−1.8、5.23e2 这样的数据称为浮点型数据（简称浮点数）。浮点型数据用于保存带有小数点的数据。Python 的浮点数一般以十进制形式表示，对于较大或较小的浮点数，可以使用科学计数法表示。例如：

```
num6=3.14                       # 十进制形式
num7=4e2                        # 科学计数法表示 (4×10², 即 400, e 表示底数为 10)
num8=-3.5e-2                    # 科学计数法表示 (-3.5×10⁻²)
print(num6,num7,num8)
num9=num6+num7+num8
print(num9)
```

运行结果为：

```
3.14 400.0 -0.035
403.105
```

3）复数类型

类似 3+2j、4.5+5.6j、−3.4−5.6j 的数据称为复数。Python 中的复数有如下几个特点：

- 复数由实部和虚部构成，其一般形式为 real+imagj。
- 实部 real 和虚部 imag 都是浮点型。
- 虚部必须有后缀 j 或 J。

在 Python 中有两种创建复数的方式：一种是按照复数的一般形式直接创建；一种是通过内置函数 complex() 创建。例如：

```
num10=5+7j                      # 按照复数形式直接创建
num11=complex(4,6)              # 使用内置函数 complex() 创建复数
print(num10,num11)              # 输出两个复数
print(num10+num11)              # 输出两个复数之和
```

运行结果为：

```
(5+7j) (4+6j)
(9+13j)
```

4）布尔类型

Python 中的布尔类型只有两个取值：True 和 False。实际上，布尔类型是一种特殊的整型，其中 True 对应整型 1，False 对应整型 0。Python 中的任何对象都可以转换为布尔类型，在转换

过程中，符合以下条件的对象都会被转换成 False。

- None。
- 任何为 0 的数字类型，如 0、0.0、0j。
- 任何空序列，如 " "、()、[]。
- 任何空字典，如 {}。
- 用户定义的类实例，如类中定义了 __bool__() 或者 __len__()。

除以上情况外，其他对象都会被转换成 True。可以使用 bool() 函数检测对象的布尔值。

```
print(bool(0),bool(4),bool(None),bool(()),bool([]),bool({}))
```

运行结果为：

```
False True False False False False
```

2. 数字类型转换

Python 内置了一系列可实现强制类型转换的函数，可以将目标数据的数字类型转换为指定的类型。数字间进行转换的函数有 int()、float()、str() 等，关于这些函数的功能说明见表 2-2。

表 2-2 数字间的类型转换函数

函　数	说　明
int()	将浮点型、布尔类型和符合数字类型格式的字符串转换为整型
float()	将整型和符合数字类型规范的字符串转换为浮点型
str()	将数字类型转换为字符串

下面通过代码演示这些函数的使用方法，具体如下：

```
int(3.6)        #将浮点型转换为整型，小数部分被舍弃，结果为 3
float(3)        #将整型转换为浮点型，结果为 3.0
```

掌握以上函数后，对两个符合数字类型格式的字符串进行算术运算就非常简单了。例如，对两个符合数字类型格式的字符串进行求和运算，示例代码如下：

```
str1 = "45"
str2 = '78.9'
sum = int(str1)+float(str2)
print(sum)
```

运行结果为：

```
123.9
```

值得一提的是，在经过以上操作后，str1 和 str2 仍为字符串，这是因为，使用 int() 转换的结果只是一个临时对象，并未被存储。如果通过 type() 函数测试 strl、str2 和 sum 的类型，输入以下代码：

```
print(type(str1))
print(type(str2))
```

```
print(type(sum))
```

运行结果为：

```
<class 'str'>
<class 'str'>
<class 'float'>
```

在使用类型转换函数时有如下两点需要注意：

- int() 函数、float() 函数只能转换符合数字类型格式的字符串。
- 使用 int() 函数将浮点数转换为整数时，若有必要会发生舍弃，而非四舍五入。

任务分析

根据任务描述，具体问题具体分析，数据转换部分设计如下：

（1）数据类型转换：需要提示用户输入两个整数，由于使用 input() 函数接收的数据为字符型数据，需要使用 int() 函数将其转换成整型数据。采用 print() 函数的格式化输出将两个整数输出为浮点型，使用 float() 函数将第一个整数转换成浮点型，使用 complex() 函数将两个整数转换成复数形式，使用 Fraction() 函数将两个整数转换成分数。

视 频

数据转换

（2）数据进制转换：需要提示用户输入两个整数，由于使用 input() 函数接收的数据为字符型数据，需要使用 int() 函数将其转换成整型数据。使用 bin() 函数将十进制数转换成二进制数，使用 oct() 函数将十进制数转换成八进制数，使用 hex() 函数将十进制数转换成十六进制数，使用 str() 函数将十进制转换成字符型数据。

任务实施

在 PyCharm 中，打开文件名为“科学计算器 .py”，进行代码编辑。

```
elif choice == 1:
    # 1 .整型数转换成浮点数
    a = int(input('请输入第一个整数:'))
    b = int(input('请输入第二个整数:'))
    print('格式化为浮点数:%e,%f' % (a, b))
    print('float(%s) = %s' % (a, float(a)))
    print('complex(%s,%s) = ' % (a, b), complex(a, b))
    from fractions import Fraction
    print('Fraction(%s,%s) = %s' % (a, b, Fraction(a, b)))
elif choice == 2:
    # 2 .整型数转换成不同进制，构成字符串
    a = int(input('请输入第一个整数:'))
    b = int(input('请输入第二个整数:'))
    print('转换为二进制:bin(%s) = %s' % (a, bin(a)))
    print('hex(%s) = %s' % (a, hex(a)))
    print('oct(%s) = %s' % (a, oct(a)))
    print('str(%s)*%s = %s' % (a, b, str(a) * b))
```

任务拓展

输入一个不大于 255 的正整数，输出其 8 位二进制、八进制和十六进制编码，要求使用 format() 方法和 % 表达式格式化输出。示例结果如下：

```
请输入一个不大于 255 的正整数： 78
二进制： 01001110
八进制： 00000116
十六进制： 0000004E
```

（1）在 PyCharm 中，选择“文件”→“新建项目”命令，在弹出的对话框中将项目命名为“chapter02”，单击“创建”按钮，创建新项目。

（2）在 PyCharm 中，右击左侧列表中的项目名称 chapter02，在弹出的快捷菜单中选择“新建”→“Python 文件”命令，在弹出的对话框中将文件命名为“任务拓展 2.py”，按【Enter】键，进行代码编辑。

format() 方法实现：

```
num = eval(input('请输入一个不大于 255 的数：'))
if num <= 255:
    print('二进制：{:08b}'.format(num))
    print('八进制：{:08o}'.format(num))
    print('十六进制：{:08x}'.format(num))
else:
    print('输入了一个大于 255 的数，有误！')
```

% 表达式格式化输出实现：

```
# 输入一个不大于 255 正整数，输出其 8 位二进制、八进制和十六进制编码
num = eval(input('请输入一个不大于 255 的数：'))
if num <= 255:
    b = bin(num)[2:].zfill(8)
    print('二进制：%s'%b)
    print('八进制：%08o'%num)
    print('十六进制：%08X'%num)
else:
    print('输入了一个大于 255 的数，有误！')
```

任务三　运算符应用

任务描述

设计科学计算器的运算符运算部分，可以完成以下功能：

（1）对输入的数据能够进行算术运算：和、差、积、商，如图 2-7 所示。

（2）对输入的数据能够进行赋值运算：赋值和复合赋值运算符，如图 2-8 所示。

（3）对输入的数据能够进行逻辑运算：与、或、非，如图 2-9 所示。

（4）对输入的数据和比较运算：大于、小于、大于或等于、小于或等于和等于，如图 2-10 所示。

```
                                   多功能科学计算器系统
数据转换：1--数据类型转换          2--数据进制转换
运算符运算：3--算术运算 4--赋值运算      5--比较运算     6--逻辑运算
字符串应用：7--手机号码隐藏        8--获取个人信息 9--Unicode码转换
选择类应用：10--冒泡排序           11--闰年判断     12--等级分类     13--分段付费
循环类应用：14--九九乘法表         15--杨辉三角形   16--区间水仙花数          17--区间完全数
0--退出
请选择功能：3
请输入第一个操作数：4
请输入第二个操作数：7
这两个操作数的和、差、积、商分别是 11 -3 28 0.5714285714285714
```

图 2-7　科学计算器的算术运算

```
                                   多功能科学计算器系统
数据转换：1--数据类型转换          2  数据进制转换
运算符运算：3--算术运算 4--赋值运算      5--比较运算     6--逻辑运算
字符串应用：7--手机号码隐藏        8--获取个人信息 9--Unicode码转换
选择类应用：10--冒泡排序           11--闰年判断     12--等级分类     13--分段付费
循环类应用：14--九九乘法表         15--杨辉三角形   16--区间水仙花数          17--区间完全数
0--退出
请选择功能：4
请输入第一个操作数：5
请输入第二个操作数：8
a=b a= 8 b= 8
a+=b a= 16 b= 8
a-=b a= 8 b= 8
a*=b a= 64 b= 8
a/=b a= 8.0 b= 8
```

图 2-8　科学计算器的赋值运算

```
                                   多功能科学计算器系统
数据转换：1--数据类型转换          2--数据进制转换
运算符运算：3--算术运算 4--赋值运算      5--比较运算     6--逻辑运算
字符串应用：7--手机号码隐藏        8--获取个人信息 9--Unicode码转换
选择类应用：10--冒泡排序           11--闰年判断     12--等级分类     13--分段付费
循环类应用：14--九九乘法表         15--杨辉三角形   16--区间水仙花数          17--区间完全数
0--退出
请选择功能：6
请输入第一个表达式：4*6
请输入第二个表达式：72-5
4*6 and 72-5的结果为： 67
4*6 or 72-5的结果为： 24
not 72-5的结果为： False
```

图 2-9　科学计算器的逻辑运算

```
                                   多功能科学计算器系统
数据转换：1--数据类型转换          2--数据进制转换
运算符运算：3--算术运算 4--赋值运算      5--比较运算     6--逻辑运算
字符串应用：7--手机号码隐藏        8--获取个人信息 9--Unicode码转换
选择类应用：10--冒泡排序           11--闰年判断     12--等级分类     13--分段付费
循环类应用：14--九九乘法表         15--杨辉三角形   16--区间水仙花数          17--区间完全数
0--退出
请选择功能：5
请输入第一个表达式：4*6
请输入第二个表达式：72-5
4*6>72-5的结果为： False
4*6<72-5的结果为： True
4*6>=72-5的结果为： False
4*6<=72-5的结果为： True
4*6==72-5的结果为： False
```

图 2-10　科学计算器的比较运算

相关知识

1. 运算符

相比其他编程语言，Python 中的运算符更丰富，且功能更强大。Python 中的运算符可以分为算术运算符、比较运算符、赋值运算符、逻辑运算符、成员运算符、身份运算符等。

1）算术运算符

Python 中的算术运算符包括 +、−、*、/、//、% 和 **。这些运算符都是双目运算符，一个运算符可以和两个操作数（简称数）组成一个表达式。假设变量 a=10，变量 b=21。Python 中各个算术运算符的功能与示例见表 2-3。

表 2-3 算术运算符的功能与示例

运算符	描　述	示　例
+	加：两个数的和	a+b 输出结果 31
−	减：两个数的差	a−b 输出结果 −11
*	乘：两个数的乘积或一个被重复若干次的字符串	a*b 输出结果 210
/	除：两个数的商	b/a 输出结果 2.1
//	取整除：两数相除取接近商的整数	b//a 输出结果为 2
%	取模：两数相除取余	b%a 输出结果 1
**	幂：某个数的 *n* 次幂	5**3 输出结果 125

Python 中的算术运算符支持对相同或不同类型的数进行混合运算。例如：

```
result1 = 6+(5.6+8.9j)
result2 = 6*3+3**3
result3 = True+7.9+(-8-8.3j)
print(result1,result2,result3)
```

运行结果为：

```
(11.6+8.9j) 45 (0.9-8.3j)
```

无论参加运算的操作数是什么类型，解释器都能给出运算后的正确结果，这是因为 Python 在对不同类型的对象进行运算时，会强制将对象的类型进行临时类型转换，这些转换遵循的规律如下：

- 布尔类型在进行算术运算时，被视为 0 或 1。
- 整型与浮点型运算时，将整型转换为浮点型。
- 其他类型与复数运算时，将其他类型转换为复数类型。

混合运算中类型相对简单的操作数会被转换为与相对复杂的操作数相同的类型。

2）比较运算符

Python 中的比较运算符有 ==、!=、>、<、>=、<=。比较运算符同样是双目运算符，它与两个操作数构成一个表达式。比较运算符的操作数可以是数字、表达式或对象，其功能与示例见表 2-4。假设变量 a 为 10, 变量 b 为 20。

表 2-4 比较运算符的功能与示例

运算符	描述（*a*、*b* 为比较运算符两边的深作数）	示 例
==	等于：比较 *a*、*b* 是否相等	(a==b) 返回 False
!=	不等于：比较 *a*、*b* 是否不相等	(a!=b) 返回 True
>	大于：返回 *a* 是否大于 *b*	(a>b) 返回 False
<	小于：返回 *a* 是否小于 *b*	(a<b) 返回 True
>=	大于或等于：返回 *a* 是否大于或等于 *b*	(a>=b) 返回 False
<=	小于或等于：返回 *a* 是否小于或等于 *b*	(a<=b) 返回 True

比较运算符只对操作数进行比较，不会对操作数自身造成影响，即经过比较运算符运算后的操作数不会被修改。比较运算符与操作数构成的表达式的结果只能是 True 或 False，这种表达式通常用于布尔测试。以下示例演示了 Python 比较运算符的操作。

```
A = 21
B = 10
if( A == B):
    print('1 - A 等于 B')
else:
    print('1 - A 不等于 B')
if( A != B):
    print('2 - A 不等于 B')
else:
    print('2 - A 等于 B')
if( A < B):
    print('3 - A 小于 B')
else:
    print('3 - A 大于或等于 B')
if( A > B):
    print('4 - A 大于 B')
else:
    print('4 - A 小于或等于 B')
#修改变量A和B的值
A = 5
B = 20
if( A <= B):
    print('5 - A 小于或等于 B')
else:
    print('5 - A 大于 B')
if( A >= B):
    print('6 - A 大于或等于 B')
else:
    print('6 - A 小于 B')
```

运行结果为：

```
1 - A 不等于 B
2 - A 不等于 B
3 - A 大于或等于 B
```

```
4 - A 大于 B
5 - A 小于或等于 B
6 - A 小于 B
```

3）赋值运算符

赋值运算符的功能是将右侧的表达式或对象赋给左侧，其中左值必须是一个可修改的值，不能为常量。"="是基本的赋值运算符，可与算术运算符组合成复合赋值运算符，如"+=""-=""*="等。赋值运算符也是双目运算符，Python 中各个赋值运算符的功能与示例见表 2-5。

表 2-5　赋值运算符的功能与示例

运算符	描　述	示　例
=	赋值运算符	c = a + b 等价于将 a+b 的运算结果赋值给 c
+=	加法赋值运算符	c += a 等价于 c = c + a
-=	减法赋值运算符	c -= a 等价于 c = c - a
*=	乘法赋值运算符	c *= a 等价于 c = c * a
/=	除法赋值运算符	c /= a 等价于 c = c / a
%=	取模赋值运算符	c %= a 等价于 c = c % a
**=	幂赋值运算符	c ** = a 等价于 c = c ** a
//=	取整除赋值运算符	c //= a 等价于 c = c // a

经以上操作后，左值 c 发生了变化，但右值 a 并没有被修改，示例如下：

```
A = 2
B = 23
C = A + B
print("C = A + B","C =",C)
C += A
print("C += A","C =",C)
C -= A
print("C -= A","C =",C)
C *= A
print("C *= A","C =",C)
C /= A
print("C /= A","C =",C)
C %= A
print("C %= A","C =",C)
C **= A
print("C **= A","C =",C)
C //= A
print("C //= A","C =",C)
```

运行结果为：

```
C = A + B C = 25
C += A C = 27
C -= A C = 25
C *= A C = 50
```

```
C /= A C = 25.0
C %= A C = 1.0
C **= A C = 1.0
C //= A C = 0.0
```

Python 在进行赋值运算时，即使两侧操作数的类型不同也不会报错，且左值可正确地获取右操作数的值，不会发生截断的现象，这与 Python 中的变量定义和赋值的方式有关。

4）逻辑运算符

Python 支持逻辑运算，但 Python 逻辑运算符的功能与其他语言有所不同。Python 分别使用 or、and、not 三个关键字作为逻辑运算"或""与""非"的运算符，其中 or 与 and 为双目运算符，not 为单目运算符。逻辑运算符的操作数可以是数字、表达式或对象，它们的功能说明见表 2-6，假设变量 a 为 10，b 为 20。

表 2-6 逻辑运算符的功能与示例

运算符	逻辑表达式	描述	示例
and	x and y	逻辑"与"：如果 x 为 False，x and y 返回 False，否则返回 y 的值	(a and b) 返回 20； (a<5 and b==20) 返回 False
or	x or y	逻辑"或"：如果 x 是非 0，返回 x 的值，否则返回 y 的值	(a or b) 返回 10； (a<5 or b==20) 返回 True
not	not x	逻辑"非"：如果 x 为 True，返回 False；如果 x 为 False，返回 True	not(a and b) 返回 False

以下示例详细展示了逻辑运算符的计算规律。

```
A = 10
B = 20
if( A and B):
    print("1 - 变量A 和B都为True")
else:
    print("1 - 变量A 和B有一个不为True")
if( A or B):
    print("2 - 变量A 和B都为True，或其中一个变量为True")
else:
    print("2 - 变量A 和B都不为True")
#修改变量A的值
A = 0
if( A and B):
    print("3 - 变量A 和B都为True")
else:
    print("3 - 变量A 和B有一个不为True")
if( A or B):
    print("4 - 变量A 和B都为True，或其中一个变量为True")
else:
    print("4 - 变量A 和B都不为True")
if not (A and B):
    print("5 - 变量A 和B都为False，或其中一个变量为False")
else:
    print("5 - 变量A 和B都为True")
```

运行结果为：

```
1 - 变量A 和B都为True
2 - 变量A 和B都为True，或其中一个变量为True
3 - 变量A 和B有一个不为True
4 - 变量A 和B都为True，或其中一个变量为True
5 - 变量A 和B都为False，或其中一个变量为False
```

5）成员运算符

Python 还提供成员运算符。成员运算符可以应用在字符串、列表、元组等序列类型中。表 2-7 对成员运算符的功能进行了说明。

表 2-7 成员运算符的功能与示例

运算符	描述	示例
in	如果在指定的序列中找到值则返回 True，否则返回 False	x in y：如果 x 在 y 序列中返回 True
not in	如果在指定的序列中没有找到值则返回 True，否则返回 False	x not in y：如果 x 不在 y 序列中返回 True

下面的示例展示了成员运算符在字符串中的使用方法。

```
str1 = "world"
str2 = "We hope world peace!"
if( str1 in str2 ):
    print(str1+" 在字符串 "+ str2 +" 中 ")
else:
    print(str1+" 不在字符串 "+ str2 +" 中 ")
```

运行结果为：

```
world在字符串We hope world peace!中
```

6）身份运算符

身份运算符用于比较两个对象的存储单元，包括 is 和 is not 两种运算符。身份运算符的功能说明见表 2-8。

表 2-8 身份运算符的功能与示例

运算符	描述	示例
is	判所两个标识符是不是引用自一个对象	x is y：类似 id(x)==id(y)，如果引用的是同一个对象则返回 True，否则返回 False
is not	判断两个标识符是不是引用自不同对象	x is not y：类似 id(x)!=id(y)，如果引用的不是同一个对象则返回 True，否则返回 False

注：id() 函数用于获取对象的内存地址。

下面的示例展示了身份运算符的使用方法。

```
A = 20
B = 20
if( A is B):
```

```
    print("1 - A 和 B 有相同的标识 ")
else:
    print("1 - A 和 B 没有相同的标识 ")
if( id(A) == id(B)):
    print("2 - A 和 B 有相同的标识 ")
else:
    print("2 - A 和 B 没有相同的标识 ")
# 修改变量 B 的值
B = 30
if( A is B):
    print("3 - A 和 B 有相同的标识 ")
else:
    print("3 - A 和 B 没有相同的标识 ")
if( A is not B):
    print("4 - A 和 B 没有相同的标识 ")
else:
    print("4 - A 和 B 有相同的标识 ")
```

运行结果为：

```
1 - A 和 B 有相同的标识
2 - A 和 B 有相同的标识
3 - A 和 B 没有相同的标识
4 - A 和 B 没有相同的标识
```

is 与“==”的区别：is 用于判断两个变量引用的对象是否为同一个，“==”用于判断引用变量的值是否相等。例如：

```
A = [1,2,3]
B = A
print(B is A)
print(B == A)
B = A[:]
print(B is A)
print(B == A)
```

运行结果为：

```
True
True
False
True
```

2. 运算符的优先级

Python 支持使用多个不同的运算符连接简单表达式，以实现相对复杂的功能。为了避免含有多个运算符的表达式出现歧义，Python 为运算符设置了优先级。Python 中各种运算符的优先级由高到低依次见表 2-9。

表 2-9 运算符的优先级

运算符	描述
**	幂（最高优先级）
~、+、-	按位翻转、一元加号和减号（最后两个的方法名为 +@ 和 -@）
*、/、%、//	乘、除、求余数和取整除
+、-	加法、减法
<=、<、>、>=、==、!=	比较运算符
=、%=、/=、//=、-=、+=、*=、**=	赋值运算符
is、is not	身份运算符
in、not in	成员运算符
not、and、or	逻辑运算符

下面的代码展示了运算符的优先级。

```
a,b,c,d,e = 20,10,15,5,0
e = (a + b) * c / d        #(30 * 15) / 5
print("(a + b) * c / d运算结果为：",e)
e = ((a + b) * c) / d      #(30 * 15) / 5
print("((a + b) * c) / d运算结果为：",e)
e = (a + b) * (c / d)      #(30 * (15 / 5)
print("(a + b) * (c / d)运算结果为：",e)
e= a + (b * c) / d         #20 +(150/5)
print("a + (b * c) / d运算结果为：",e)
```

运行结果为：

```
(a + b) * c / d运算结果为： 90.0
((a + b) * c) / d运算结果为： 90.0
(a + b) * (c / d)运算结果为： 90.0
a + (b * c) / d运算结果为： 50.0
```

可以用圆括号“()”改变表达式的运行顺序。通常圆括号中的表达式先运行，例如，对于表达式“45+3*8”，若想让加法先运行，可写成“(45+3)*8”。此外，若有多层圆括号，则最内层圆括号中的表达式先运行。

运算符一般按照自左向右的顺序结合，例如，在表达式“3+5−4”中，运算符 +、− 的优先级相同，解释器会先运行“3+5”，再将“3+5”的运行结果 8 与操作数 4 运行“8−4”，即运行顺序等价于“(3+5)−4”；但赋值运算符的结合性为自右向左，如对于表达式“a=b=c”，Python 解释器会先将 c 赋给 b，再将 b 的值赋给 a，即运行顺序等价于“a=(b=c)”。

视频

运算符运算

任务分析

根据任务描述，运算符运算部分设计如下：

（1）算术运算：使用 input() 函数实现用户输入两个操作数，使用 int() 函数将接收的字符型数据转换成整型数据，然后使用 print() 函数输出结果：和（使用运算符 +）、差（使用运算符 −）、积（使用运算符 *）、商（使用运算符 /）；

（2）赋值运算：使用 input() 函数实现用户输入两个操作数，使用 int() 函数将接收的字符型数据转换成整型数据，然后使用 print() 函数输出结果：赋值（使用运算符 =）和复合赋值运算符（使用运算符 +=、-=、*= 和 /=）；

（3）对输入的数据能够进行逻辑运算：与、或、非；

（4）对输入的数据能够进行比较运算：大于、小于、大于或等于、小于或等于和等于。

任务实施

在 PyCharm 中，打开文件名为"科学计算器 .py"，进行代码编辑。

```
elif choice == 3:
    # 3 算术运算
    a = int(input("请输入第一个操作数："))
    b = int(input("请输入第二个操作数："))
    print("这两个操作数的和、差、积、商分别是",a+b,a-b,a*b,a/b)
elif choice == 4:
    # 4 赋值运算
    a = int(input("请输入第一个操作数："))
    b = int(input("请输入第二个操作数："))
    a=b
    print('a=b','a=',a,'b=',b)
    a+=b
    print('a+=b','a=',a,'b=',b)
    a-=b
    print('a-=b','a=',a,'b=',b)
    a*=b
    print('a*=b','a=',a,'b=',b)
    a/=b
    print('a/=b','a=',a,'b=',b)
elif choice == 5:
    # 5 比较运算
    s1 = input("请输入第一个表达式：")
    s2 = input("请输入第二个表达式：")
    print(s1+">"+s2+"的结果为：",eval(s1+">"+s2))
    print(s1+"<"+s2+"的结果为：",eval(s1+"<"+s2))
    print(s1+">="+s2+"的结果为：",eval(s1+">="+s2))
    print(s1+"<="+s2+"的结果为：",eval(s1+"<="+s2))
    print(s1+"=="+s2+"的结果为：",eval(s1+"=="+s2))
elif choice == 6:
    # 6 逻辑运算
    s1 = input("请输入第一个表达式：")
    s2 = input("请输入第二个表达式：")
    print(s1+" and "+s2+"的结果为：",eval(s1+" and "+s2))
    print(s1+" or "+s2+"的结果为：",eval(s1+" or "+s2))
    print("not "+s2+"的结果为：",eval("not "+s2))
```

任务拓展

求一元二次方程 $ax^2+bx+c=0$ 通过键盘输入系数后方程的解（保留 2 位小数），示例结果如下。

```
请输入方程的系数 a,b,c: 1,-1,-6
方程的解 x1=3.00
方程的解 x2=-2.00
```

（1）在 PyCharm 中，选择“文件”→“新建项目”命令，在弹出的对话框中将项目命名为“chapter02”，单击“创建”按钮，创建新项目。

（2）在 PyCharm 中，右击左侧列表中的项目名称 chapter02，在弹出的快捷菜单中选择“新建”→“Python 文件”命令，在弹出的对话框中将文件命名为“任务拓展 3.py”，按【Enter】键，进行代码编辑。

```
import math
a,b,c = eval(input("请输入方程的系数 a,b,c: "))
delta = b*b - 4*a*c
if delta >0:
    x1 = (-b + math.sqrt(delta)) / (2*a)
    x2 = (-b - math.sqrt(delta)) / (2*a)
    print("方程的解 x1 = %.2f"%x1)
    print("方程的解 x2 = %.2f"%x2)
if delta == 0:
    x1 = x2 = -b / (2*a)
    print("方程的解 x1 =x2 = %.2f"%x1)
if delta < 0 :
    x1 = -b / (2*a)
    x2 = math.sqrt(-delta) / (2*a)
    print("方程的解 x1 = %.2f + %.2fj"%(x1,x2))
    print("方程的解 x1 = %.2f - %.2fj"%(x1,x2))
```

任务四　字符串应用

任务描述

设计科学计算器的字符串应用部分，可以完成以下功能：

（1）对输入的手机号码能够隐藏中间 4 位，如图 2-11 所示。

（2）对输入的身份证号码能够分析出生年月日和年龄等个人信息，如图 2-12 所示。

（3）对输入的字符、数字或汉字进行 Unicode 码相互转换，如图 2-13 所示。

```
                    多功能科学计算器系统
数据转换：1--数据类型转换         2--数据进制转换
运算符运算：3--算术运算 4--赋值运算       5--比较运算       6--逻辑运算
字符串应用：7--手机号码隐藏       8--获取个人信息 9--Unicode码转换
选择类应用：10--冒泡排序          11--闰年判断    12--等级分类      13--分段付费
循环类应用：14--九九乘法表        15--杨辉三角形  16--区间水仙花数          17--区间完全数
0--退出
请选择功能：7
请输入一个手机号码：13912345678
加密后的手机号码为：139****5678
```

图 2-11　科学计算器的手机号码隐藏

```
                        多功能科学计算器系统
数据转换：1--数据类型转换         2--数据进制转换
运算符运算：3--算术运算 4--赋值运算      5--比较运算      6--逻辑运算
字符串应用：7--手机号码隐藏       8--获取个人信息 9--Unicode码转换
选择类应用：10--冒泡排序          11--闰年判断    12--等级分类      13--分段付费
循环类应用：14--九九乘法表        15--杨辉三角形  16--区间水仙花数         17--区间完全数
0--退出
请选择功能：8
请输入身份证号：210103199601011234
出生于： 1996 年 01 月 01 日 性别： 男
当地同性别同生日排名： 2
但身份证号规则核验失败，校验码应为 7 ，当前校验码是： 4
请选择功能：8
请输入身份证号：210103199601011237
身份证号规则核验通过，校验码是： 7
出生于： 1996 年 01 月 01 日 性别： 男
当地同性别同生日排名： 2
```

图 2-12　科学计算器的身份证号码分析

```
                        多功能科学计算器系统
数据转换：1--数据类型转换         2--数据进制转换
运算符运算：3--算术运算 4--赋值运算      5--比较运算      6--逻辑运算
字符串应用：7--手机号码隐藏       8--获取个人信息 9--Unicode码转换
选择类应用：10--冒泡排序          11--闰年判断    12--等级分类      13--分段付费
循环类应用：14--九九乘法表        15--杨辉三角形  16--区间水仙花数         17--区间完全数
0--退出
请选择功能：9
请输入一个数字/字符：8
8转换成Unicode码为：56
56转换成数字/字符为：8
请输入一串汉字：你好
你好转换成Unicode码为：b'\\u4f60\\u597d'
b'\\u4f60\\u597d'转换成汉字为：你好
```

图 2-13　科学计算器的 Unicode 码转换

相关知识

1. 字符串

字符串是一种用来表示文本的数据类型，它是由符号、数值等组成的一个连续序列。Python 中的字符串是不可变的，字符串一旦创建便不可修改。

Python 支持使用成对的单引号、双引号和三引号定义字符串，其中单引号和双引号通常用于定义单行字符串，三引号通常用于定义多行字符串。

1）定义单行字符串

```
str_string = 'Hi,this is a single symbol string'
str_double = "Hi,this is a double symbol string"
```

2）定义多行字符串

使用三引号（3 个单引号或 3 个双引号）定义多行字符串时，字符串中可以包含换行符、制表符或其他特殊字符，例如：

```
str_three = """Hi,this is a triple symbol string,
it can contain multiple rows"""
print(str_three)
```

运行结果为：

```
Hi,this is a triple symbol string,
it can contain multiple rows
```

定义字符串时，单引号与双引号可以嵌套使用。但需要注意的是，使用双引号表示字符串中允许使用单引号，但不允许嵌套双引号，例如：

```
mixture = "Let's  go!"
```

此外，如果单引号或者双引号中的内容包含换行符，那么字符串会被自动换行，例如：

```
double_symbol = "Hello\nworld!"
print(double_symbol)
```

运行结果为：

```
Hello
world!
```

2. 转义字符

编码过程中使用特殊字符，可用反斜线“\”进行转义。常见的转义字符见表 2-10。

表 2-10　常见的转义字符

转义字符	描　述	示　例
\ （在行尾时）	续行符	print("linel\ line2\ line3") 输出结果为： linel line2 line3
\\	反斜线符号	print("\\") 输出结果为：\
\’	单引号	print('\') 输出结果为：'
\”	双引号	print("\") 输出结果为："
\b	退格 (backspace）	print("Hello\bWorld!") 输出结果为：HelloWorld!
\000	空	print("\000") 输出结果为空
\n	换行	print("Hello\nWorld!") 输出结果为： Hello World!
\t	横向制表符	print("Hello\tWorld!") 输出结果为：Hello　World!
\r	回车。回到行首	print("Hello World!\r") 输出结果为： Hello World!
\yyy	八进制数，y 代表 0~7 的字符	print("\110\145\154\154\\157\40\127\157\162\154\144\41") 输出结果为：Hello World!
\xyy	十六进制数，以 \x 开头，y 代表 0~9、a~f 的字符	print("\x48\x65\x6c\x6c\x6f\x20\x57\x6f\x72\x6c\x64\x21")　输出结果为：Hello World!

3. 字符串格式化

Python 字符串可以通过占位符 %、formal() 方法和 f-strings 三种方式实现格式化输出。下面分别介绍这三种方式。

1）占位符 %

使用占位符 % 对字符串进行格式化时，Python 会使用一个带有格式符的字符串作为模板，这个格式符用来为真实值预留位置，并说明真实值应该呈现的格式。例如：

```
name = "张强"
print("你好，我叫%s"%name)
```

运行结果为：

```
你好，我叫张强
```

一个字符串中可以同时含有多个占位符，例如：

```
name = "张强"
age = 23
print("你好，我叫%s，今年我%d岁了。"%(name,age))
```

运行结果为：

```
你好，我叫张强，今年我23岁了。
```

上述代码首先定义了变量 name 与 age，然后使用两个占位符 % 进行格式化输出，因为需要对两个变量进行格式化输出，所以可以使用“()”将这两个变量存储起来。不同的占位符为不同的变量预留位置。常见的占位符见表 2-11。

表 2-11　常见的占位符

符号	描　　述	符号	描　　述
%c	格式化字符及其 ASCII	%f	格式化浮点数。可指定小数点后精度
%s	格式化字符串	%e	用科学记数法格式化浮点数
%d	格式化整数	%E	作用同 e，用科学记数法格式化浮点数
%u	格式化无符号整数	%g	%f 和 %e 的简写
%O	格式化无符号八进制数	%G	%r 和 %E 的简写
%x	格式化无符号十六进制数	%p	用十六进制数格式化变量的地址
%X	格式化无符号十六进制数（大写）		

使用占位符 % 时，需要注意变量的类型，若变量类型与占位符不匹配则程序会出现异常。

```
name = "张强"
age = "23"
print("你好，我叫%s，今年我%d岁了。"%(name,age))
```

运行结果为：

```
Traceback (most recent call last):
  File "C:/Users/15904/AppData/Local/Programs/Python/Python313/test2.py",
line 3, in <module>
    print("你好，我叫%s，今年我%d岁了。"%(name,age))
TypeError: %d format: a real number is required, not str
```

以上代码使用占位符 %d 对字符串变量 age 进行格式化，由于变量类型与占位符不匹配，出现了 TypeError 异常。

2）format() 方法

使用 format() 方法同样可以对字符串进行格式化输出。与占位符 % 不同的是，使用 format() 方法不需要关注变量的类型。format() 方法的基本使用格式如下：

```
<字符串>.format(<参数列表>)
```

在 format() 方法中，使用“{}”为真实值预留位置。例如，修改上述格式化语句。运行结果不变。

```
name = "张强"
age = "23"
print("你好，我叫{}，今年我{}岁了。".format(name,age))
```

如果字符串中包含多个“{}”，并且“{}”内没有指定任何序号，那么默认按照“{}”出现的顺序分别用 format() 方法中的参数进行替换；如果字符串的“{}”中明确指定了序号，那么按照序号对应的 format() 方法的参数进行替换。例如，修改上述格式化语句，运行结果不变。

```
name = "张强"
age = "23"
print("你好，我叫{1}，今年我{0}岁了。".format(age,name))
```

format() 方法还可以对数字进行格式化处理，包括保留 *n* 位小数、数字补齐和显示百分比，下面分别进行介绍。

（1）保留 *n* 位小数。使用 format() 方法可以保留浮点数的 *n* 位小数，其格式为“{:.nf}”，其中 *n* 表示保留的小数位数。例如，变量 pi 的值为 3.1415，使用 format() 方法保留两位小数：

```
pi = 3.1415
print("{:.2f}".format(pi))
```

输出结果为：

```
3.14
```

上述示例代码中使用 format() 方法保留变量 pi 的两位小数，其中“{:.2f}”可以分为“{:}”与“.2f”两部分，“{:}”表示获取变量 pi 的值，“.2f”表示保留两位小数。

（2）数字补齐。使用 format() 方法可以对数字进行补齐，其格式为“{:m>nd)”，其中 *m* 表示补齐的数字，*n* 表示补齐后数字的长度，使用“>”符号来表示右对齐，左侧填充 *m*，使用“<”符号来表示左对齐，右侧填充 *m*。例如，某个序列编号从 001 开始，此种编号可以在 1 之前使用两个 0 进行补齐：

```
num = 1
print("{:0>3d}".format(num))
```

输出结果为：

```
001
```

上述示例中使用 format() 方法对变量 num 的值进行补“0”操作，其中“{:0>3d}”

中的“0”表示要补的数字，“>”表示在原数字左侧进行补充，3 表示补齐后数字的长度。

（3）显示百分比。使用 format() 方法可以将数字以百分比形式显示，其格式为“{:.n%}”，其中 *n* 表示保留的小数位数。例如，变量 num 的值为 0.1，将 num 保留 0 位小数并以百分比格式显示：

```
num = 0.1
print("{:.0%}".format(num))
```

输出结果为：

```
10%
```

上述示例中使用 format() 方法将变量 num 的值以百分比格式显示，其中“{:.0%}”中的“0”表示保留的小数位数。

3）f-strings

从 Python 3.6 开始，f-strings 加入 Python 标准库，它是一种更为简洁的格式化字符串方法。

f-strings 在格式化字符串时以 f 或 F 引领字符串，字符串中使用“{}”标识被格式化的变量。f-strings 本质上不再是字符串常量，而是在运行时运算求值的表达式，所以在效率上优于占位符 % 和 format() 方法。使用 f-strings 不需要关注变量的类型，但是仍然需要关注变量传入的位置，例如：

```
address =  "杭州"
print(f"我居住在{address}")
```

输出结果为：

```
我居住在杭州
```

使用 f-strings 还可以进行多个变量的格式化输出，例如：

```
name = "王凯"
age = 20
address ="杭州"
print(f"我叫{name}，今年{age}岁了，我居住在{address}")
```

输出结果为：

```
我叫王凯，今年20岁了，我居住在杭州
```

4. 字符串的索引与切片

在程序的开发过程中，可能需要对一组字符串中的某些字符进行特定操作。通过 Python 字符串的索引或切片功能，可以提取字符串中的特定字符或子串。下面分别对字符串的索引和切片进行讲解。

1）索引

字符串是由元素组成的序列，每个元素所处的位置是固定的，并且对应着一个位置编号，编号从 0 开始依次递增，这个位置编号被称为索引或者下标。下面通过图 2-14 来描述字符串正向索引。

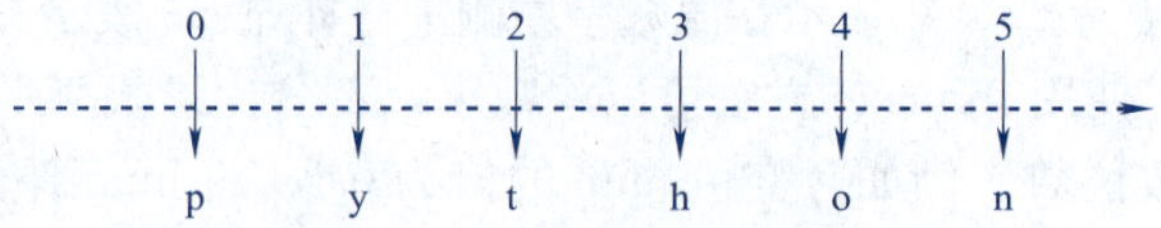

图 2-14　字符率正向索引

图 2-14 中所示的索引自 0 开始从左至右依次递增，这样的索引称为正向索引。如果索引自 -1 开始，从右向左依次递减，则索引为反向索引。字符串反向索引如图 2-15 所示。

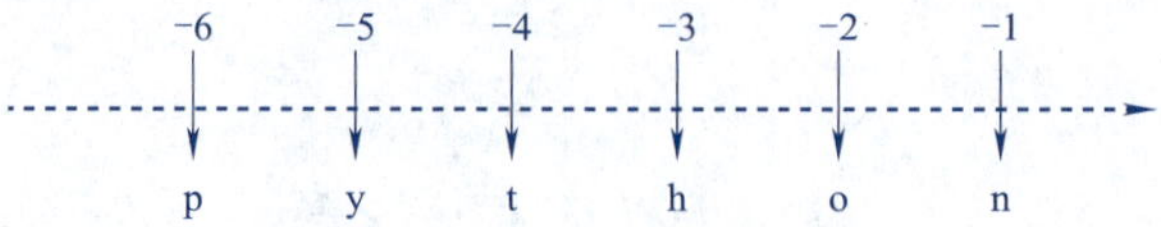

图 2-15　字符串反向索引

通过索引可以获取指定位置的字符，语法格式如下：

```
字符串 [ 索引 ]
```

假设变量 strl 的值为“python”，使用正向索引和反向索引获取该变量中的字符“o”。

```
str1[4]             # 利用正向索引获取字符
str1[-2]            # 利用反向索引获取字符
```

需要注意的是，当使用索引获取字符串值时，索引的范围不能越界，否则程序会警告索引越界的异常。

2）切片

切片用于截取目标字符串的一部分，其语法格式如下：

```
字符串 [ 起始 : 结束 : 步长 ]
```

切片的默认步长为 1。需要注意的是，切片选取的区间属于左闭右开型，截取的子串包含起始位，但不包含结束位。例如：

```
str1[1:4]           # 从索引 1 处开始，在索引 4 处结束，步长为 1。结果为：'yth'
str1[1:5:2]         # 从索引 1 处开始，在索引 5 处结束，步长为 2。结果为：'yh'
```

在使用切片时，步长的值不仅可以设置为正整数，还可以设置为负整数。例如：

```
str1[4:0:-2]        # 从索引 4 处开始，在索引 0 处结束，步长为 -2。结果为：'ot'
```

另外，如果没有设置起始值则表示从索引 0 开始截取，没有设置结束值表示截取到最后。例如：

```
print(str1[:5:2])# 从索引 0 处开始，在索引 5 处结束，步长为 2。输出结果为：'pto
print(str1[2::2])# 从索引 2 处开始，到字符串的最后一位，步长为 2。输出结果为：'to'
```

5. 字符串的运算符

与字符串相关的运算符有字符串连接“+”、字符串重复输出“*”等运算符。常见的字符串运算符见表 2-12，示例中的变量 a 值为字符串 "Hello"，变量 b 值为字符串 "Python"。

表 2-12　常见的字符串运算符

运算符	描　述	示　例
+	连接字符串	a+b 输出结果：HelloPython
*	重复输出字符串	a*2 输出结果：HelloHello
[]	通过索引获取字符串中的字符	a[1] 输出结果：e
[:]	截取字符串的一部分，遵循左闭右开原则	a[1:4] 输出结果：ell
in	如果字符串中包含给定的字符则返回 True	'H' in a 输出结果：True
not in	如果字符串中不包含给定的字符则返回 True	'M' not in a 输出结果：True
r/R	原始字符串：所有字符串都是直接按照字面意思来使用，没有转义或不能输出的字符	print(r'\n') 输出结果：\n print(R'\n') 输出结果：\n

6. 字符串的内置函数

Python 字符串的内置函数有很多。常见的字符串内置函数及其描述见表 2-13。

表 2-13　常见的字符串内置函数及其描述

函　数	描　述
str.capitalize()	将字符串的第一个字符转换为大写
str.center(width[,fillchar])	返回一个指定宽度为 width 居中的字符串，fillchar 表示填充字符，默认为空格
str.count(sub,start=0,end=len(str))	返回 sub 在 str 里面出现的次数，如果指定 start 或者 end 则返回指定范围内 sub 出现的次数
str.endswith(suffix[,star[,end]])	检查字符串是否以指定后缀结束，如果是，则返回 True, 否则返回 False
str.find(sub,beg=0,end=len(str))	检测 sub 是否包含在字符串中，如果指定 beg 和 end, 则检查是否包含在指定范围内，如果包含则返回开始的索引，否则返回 −1
str.index(sub,beg=0,end=len{str))	跟 find() 方法一样，只不过如果 sub 不在字符串中则会报异常
str.isalnum()	如果字符串所有字符都是字母或数字，则返回 True，否则返回 False
str.isalpha()	如果字符串所有字符都是字母或中文字符，则返回 True，否则返回 False
str.isdigit)	如果字符串只包含数字，则返回 True，否则返回 False
str.islower()	如果字符串中包含至少一个区分大小写的字符，且所有这些（区分大小写的）字符都是小写的、则返回 True，否则返回 False
str.isupperO	如果字符中包含至少一个区分大小写的字符，且所有这些（区分大小写的）字符都是大写的，则返回 True，否则返回 False
str.isnumeric()	如果字符串中只包含数字字符，则返回 True，否则返回 False
str.isspace()	如果字符串中只包含空格，则返回 True，否则返回 False
str.join(sequence)	以 str 指定字符中作为分隔符，将 sequence 中所有元素（用字符串表示）合并为一个新的字符串
len(s)	返回字符串长度
str.ljust(width[,fillchar])	返回一个原字符串左对齐。并使用 fillchar 填充长度至 width，fillchar 默认为空格
str.lower()	转换字符串中的大写字母为小写字母

续上表

函　数	描　述
str.upper()	转换字符串中的小写字母为大写字母
str.lstrip([chars])	截掉字符串左边的空格或指定字符
max(str)	返回字符串 str 中最大的字母
min(str)	返回字符串 str 中最小的字母
str.replace(old,new[,max])	将字符串中 old 指定的字符串替换成 new 指定的字符串，如果指定 max，则替换不超过 max 次
str.rfind(sub,beg=0,end=len(str))	类似于 find() 方法，不过是从右边开始查找
str.rindex(sub,beg=0,end=len(str))	类似于 index() 方法，不过是从右边开始
str.rstrip([chars])	删除字符串末尾的空格或指定字符
str.split(sep="",num=str.count(sep))	以 sep 指定的分隔符截取字符串，如果 num 有指定值，则仅截取 num+1 个子字符串
str.startswith(substr,beg=0,end=len(str))	检查字符串是否以指定子字符串 substr 开头，如果是则返回 True, 否则返回 False。如果 beg 和 end 有指定值，则在指定范围内检查
str.strip([chars])	在字符串上运行 lstrip() 和 rstrip()
str.swapcase()	将字符串中的大写字母转换为小写字母，小写字母转换为大写字母
str.translate(table[,deletechars])	根据 table 给出的表（包含 256 个字符）转换 str 的字符，要过滤掉的字符放到 deletechars 参数中
str.isdecimal()	检查字符中是否只包含十进制字符，如果是返回 True，否则返回 False

任务分析

视 频

字符串应用

根据任务描述，字符串应用部分设计如下：

（1）手机号码隐藏：输入的手机号码，取出中间的 4 位，然后替换成“****”，隐藏中间 4 位输出显示；

（2）身份证号码分析：我国居民身份证号码由 17 位数字和 1 位校验码组成。其中，前 6 位为所在地编号，第 7~14 位为出生年月日，第 15~17 位为登记流水号，其中第 17 位偶数表示女性，奇数表示男性。

校验码的生成规则为将前面的身份证号码 17 位数分别乘以系数：7，9，10，5，8，4，2，1，6，3，7，9，10，5，8，4，2，然后将这 17 个乘积相加，结果与 11 求模，余数只可能是 0，1，2，3，4，5，6，7，8，9，10 这 11 个数之一，它们对应的最后一位身份证的号码分别为 1，0，X，9，8，7，6，5，4，3，2。

例如，余数是 2，身份证号码最后一位就是罗马数字 X；余数是 10, 身份证号码最后一位就是 2。

现设计程序实现输入 18 位身份证号码，并辨别其真伪。如果为真，则进一步判断性别；如果不是 18 位或身份证号码非法，则提示重新输入。

（3）Unicode 码相互转换：使用 ord() 函数将输入字符 / 数字转换成 Unicode 码，然后使用 chr() 函数将转换的 Unicode 码再转换成字符 / 数字；输入一串汉字，使用 encode() 函数将汉字转换成 Unicode 码，然后使用 decode() 函数将转换的 Unicode 码再转换成汉字。

任务实施

在 PyCharm 中，打开文件名为“科学计算器 .py”，进行代码编辑。

```
elif choice == 7:
    # 7-- 手机号码隐藏
    phone = input("请输入一个手机号码：")
    # 取出中间四位
    list = phone[3:7]
    # 加密
    newphone = phone.replace(list, "****")
    print("加密后的手机号码为："+newphone)
elif choice == 8:
    # 8-- 获取个人信息
    import datetime
    var = [7, 9, 10, 5, 8, 4, 2, 1, 6, 3, 7, 9, 10, 5, 8, 4, 2]
    var_id = ['1', '0', 'x', '9', '8', '7', '6', '5', '4', '3', '2']
    s = input("请输入身份证号：")
    n = str(s)
    sum=0
    if len(s) != 18:
        print("只支持18位身份证号查询")
    else:
        if int(n[16]) % 2 == 0:
            gender = "女"
            same = int(int(n[16]) / 2)
        else:
            gender = "男"
            same = int((int(n[16]) + 1) / 2)
        for i in range(0, 17):
            sum += int(n[i]) * var[i]
        sum %= 11
        if (var_id[sum]) == str(n[17]):
            print("身份证号规则核验通过，校验码是：", var_id[sum])
            print("出生于:", n[6:10], "年", n[10:12], "月", n[12:14], "日",
"性别：", gender, "\n当地同性别同生日排名：",same)
        else:
            print("出生于:", n[6:10], "年", n[10:12], "月", n[12:14], "日",
"性别：", gender, "\n当地同性别同生日排名：",same)
            print("但身份证号规则核验失败，校验码应为", var_id[sum],
"，当前校验码是：", n[17])
elif choice == 9:
    # 9--Unicode码转换
    #数字、字符（英文字符、标点、特殊符号等）转为Unicode码
    str1 = input("请输入一个数字/字符：")
    unicode1 = ord(str1)
    print(str1+"转换成Unicode码为："+str(unicode1))
    sstr1 = str(chr(unicode1))
    print(str(unicode1) + "转换成数字/字符为：" + sstr1)
    #汉字转为Unicode码
    str2 = input("请输入一串汉字：")
```

```
unicode2 = str2.encode("unicode_escape")
print(str2+" 转换成 Unicode 码为：" +str(unicode2))
#Unicode 码转换成汉字
sstr2 = str(unicode2.decode("unicode_escape"))
print(str(unicode2)+" 转换成汉字为：" + sstr2)
```

任务拓展

输入一个字符串，找出其中最大的字符，输出该字符及其在字符串中的位置，示例如下：

```
请输入一个字符串 : 8weyljndfiq
最大字符为 : y，其位置为 :4
```

（1）在 PyCharm 中，选择“文件”→“新建项目”命令，在弹出的对话框中将项目命名为“chapter02”，单击“创建”按钮，创建新项目。

（2）在 PyCharm 中，右击左侧列表中的项目名称 chapter02，在弹出的快捷菜单中选择“新建”→“Python 文件”命令，在弹出的对话框中将文件命名为“任务拓展 4.py”，按【Enter】键，进行代码编辑。

```
a = input(" 请输入一串字符：")
c = max(a)
print(" 最大字符为：%c，其位置为：%d"%(c,a.index(c)+1))
```

任务五　选择类应用

任务描述

设计科学计算器的选择类应用部分，可以完成以下功能：

（1）对输入的多个数据进行排序，如图 2-16 所示。

（2）能够判断闰年，如图 2-17 所示。

（3）能够对一组数据进行等级分类，如图 2-18 所示。

（4）能够实现现实生活中的分段计费，如图 2-19 所示。

```
                              多功能科学计算器系统
数据转换：1--数据类型转换          2--数据进制转换
运算符运算：3--算术运算 4--赋值运算     5--比较运算      6--逻辑运算
字符串应用：7--手机号码隐藏        8--获取个人信息 9--Unicode码转换
选择类应用：10--冒泡排序          11--闰年判断      12--等级分类      13--分段付费
循环类应用：14--九九乘法表        15--杨辉三角形    16--区间水仙花数          17--区间完全数
0--退出
请选择功能：10
[12, 16, 17, 24, 26, 29, 30, 41, 69, 75]
```

图 2-16　科学计算器的数据排序

```
                              多功能科学计算器系统
数据转换：1--数据类型转换          2--数据进制转换
运算符运算：3--算术运算  4--赋值运算        5--比较运算       6--逻辑运算
字符串应用：7--手机号码隐藏       8--获取个人信息  9--Unicode码转换
选择类应用：10--冒泡排序          11--闰年判断     12--等级分类       13--分段付费
循环类应用：14--九九乘法表        15--杨辉三角形   16--区间水仙花数              17--区间完全数
0--退出
请选择功能：11
请输入一个年份：2023
{year}不是闰年
请再输入一个年份：2024
2024是闰年
```

图 2-17　科学计算器的闰年判断

```
                              多功能科学计算器系统
数据转换：1--数据类型转换          2--数据进制转换
运算符运算：3--算术运算  4--赋值运算        5--比较运算       6--逻辑运算
字符串应用：7--手机号码隐藏       8--获取个人信息  9--Unicode码转换
选择类应用：10--冒泡排序          11--闰年判断     12--等级分类       13--分段付费
循环类应用：14--九九乘法表        15--杨辉三角形   16--区间水仙花数              17--区间完全数
0--退出
请选择功能：12
请输入你的成绩：78
您的成绩等级为：B
```

图 2-18　科学计算器的等级分类

```
                              多功能科学计算器系统
数据转换：1--数据类型转换          2--数据进制转换
运算符运算：3--算术运算  4--赋值运算        5--比较运算       6--逻辑运算
字符串应用：7--手机号码隐藏       8--获取个人信息  9--Unicode码转换
选择类应用：10--冒泡排序          11--闰年判断     12--等级分类       13--分段付费
循环类应用：14--九九乘法表        15--杨辉三角形   16--区间水仙花数              17--区间完全数
0--退出
请选择功能：13
请输入公里数：8
请输入等待时间：20
应付金额20.00
```

图 2-19　科学计算器的分段付费

相关知识

1. 条件语句

1）if 语句

if 语句是最简单的条件语句，该语句由关键字 if、条件表达式和冒号组成，if 语句和从属于该语句的代码块组成选择结构。运行 if 语句时，若 if 语句的判断条件成立（判断条件的布尔值为 True），运行从属于 if 语句的代码块；若 if 语句的判断条件不成立（判断条件的布尔值为 False），跳出选择结构，继续向下运行。if 语句的运行流程如图 2-20 所示。

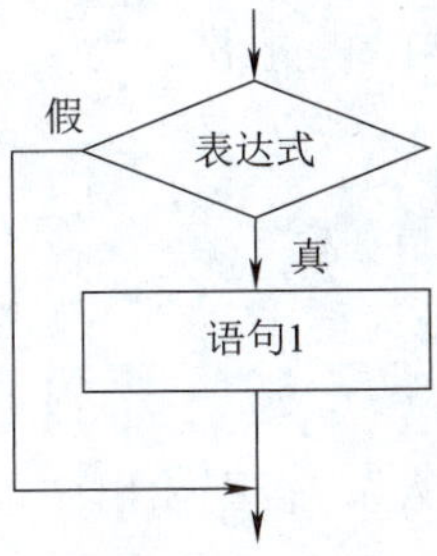

图 2-20　if 语句的运行流程图

if 语句可实现单分支选择结构，一般格式为：

```
if 条件表达式:
    代码块
```

例如，已知身份证号码，使用 if 语句判断是否为成年人，只考虑年份，暂不考虑月份和日期，代码如下：

```
import datetime                        # 导入 datetime 库
IDNumber = "999999200311110111"        # 身份证号码（此处身份证号码为虚拟号码）
year = datetime.date.today().year      # 获取当前日期的年份
age=year-int(IDNumber[6:10])           # 当前年份减去出生年份为年龄
if age >= 18:                          # 如果年龄大于或等于 18，则输出成年人
    print("成年人")
```

上述代码中，首先导入 datetime 库，使用 date 类的 today() 函数获取当前日期，然后使用字符串切片功能获取身份证号码中的年份并转换成整型，最后用当前年份减去身份证号码中的年份即为年龄。如果当前年份为 2022 年，运行结果为：

```
成年人
```

2）if...else 语句

if 语句只能处理满足条件的情况，但一些场景不仅需要处理满足条件的情况，也需要对不满足条件的情况做特殊处理。因此，Python 提供可以同时处理满足和不满足条件的 if...else 语句。

运行 if...else 语句时，若判断条件成立，运行 if 语句之后的代码块；若判断条件不成立，运行 else 语句之后的代码。if...else 语句运行流程如图 2-21 所示。

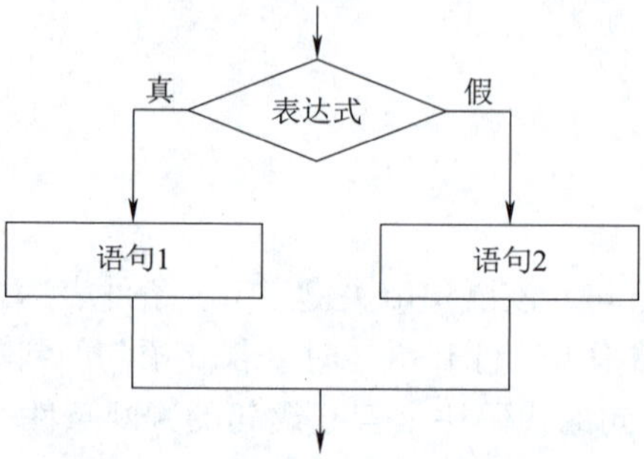

图 2-21　if...else 语句运行流程图

if...else 语句可实现双分支选择结构，一般格式为：

```
if 条件表达式:
    代码块 1
else:
    代码块 2
```

例如，如果满 18 岁，输出“成年人”，否则输出“未成年人”，代码如下：

```
import datetime                        # 导入 datetime 库
```

```
IDNumber = '999999200311110111'          # 身份证号码（此处身份证号码为虚拟号码）
year = datetime.date.today().year        # 获取当前日期的年份
age=year-int(IDNumber[6:10])             # 当前年份减去出生年份为年龄
if age >= 18:                            # 如果年龄大于或等于 18，则输出成年人
    print("成年人")
else:
    print("未成年人")                    # 否则输出未成年人
```

当前年份为 2025 年，运行结果为：

```
成年人
```

3）if...elif...else 语句

if...else 语句只有两个分支，若出现多个分支的情况则无法通过 if...else 语句进行处理。为此，Python 提供可处理多个分支的 if...elif...else 语句。

if...elif...else 语句的一般格式为：

```
if 条件表达式 1:
    代码块 1
elif 条件表达式 2:
    代码块 2
elif 条件表达式 3:
    代码块 3
    ...
elif 条件表达式 n-1:
    代码块 n-1
else:
    代码块 n
```

运行 if...elif...else 语句时，若 if 条件表达式成立，则运行 if 语句之后的语句 1；若 if 条件表达式不成立，判断 elif 语句中的条件表达式 2，条件表达式 2 成立则运行 elif 语句之后的语句 2，否则继续向下运行 elif 语句中的条件表达式 3。以此类推，直至所有的判断条件均不成立，则运行 else 语句之后的语句 n。不管有几个分支，程序运行完一个分支后，其余分支将不再运行。if...elif...else 语句运行流程如图 2-22 所示。

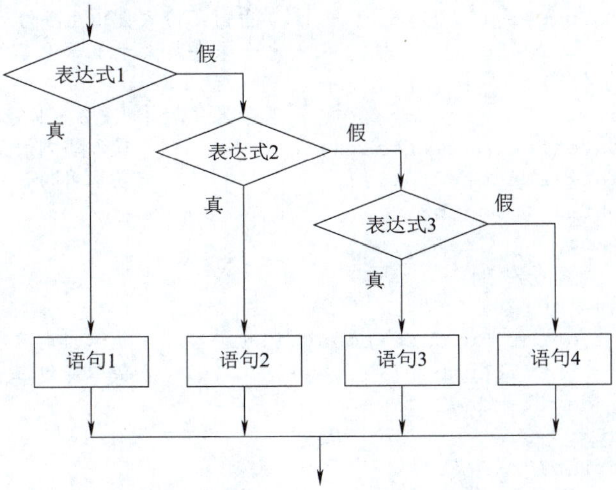

图 2-22　if...elif...else 语句运行流程

例如，通过身份证号码计算年龄，前面两个案例没有考虑月份，如果考虑月份，程序就要变得复杂一些，需要考虑3种情况，代码如下：

```
import datetime                          # 导入 datetime 库
IDNumber = '999999200311110111'          # 身份证号码（此处身份证号码为虚拟号码）
year = datetime.date.today().year        # 获取当前日期的年份
age=year-int(IDNumber[6:10])             # 当前年份减去出生年份为年龄
if age > 18:                             # 如果年龄大于或等于 18，则输出成年人
    print("成年人")
elif age == 18:                          # 如果年龄等于 18，则需进一步处理
    print("是否成年还需要对比出生月份和日期")
else:
    print("未成年人")                     # 否则输出未成年人
```

当前年份为2025年，则运行结果为：

```
成年人
```

2. 条件结构的嵌套

if语句可以嵌套if语句，根据对齐格式来确定if语句之间的逻辑关系，主要格式为：

```
if 条件表达式 1:
  if 条件表达式 2:       #if 嵌套
      代码块 1
  else:
      代码块 2
else:
    代码块 3
```

例如，进一步优化根据身份证号码判断是否成年的程序，如果通过计算年份得出刚好18岁，则需要判断月份，如果身份证月份与当前时间月份相同，还需考虑日期，代码如下：

```
import datetime                          # 导入 datetime 库
IDNumber = '999999200311110111'          # 身份证号码（此处身份证号码为虚拟号码）
year = datetime.date.today().year        # 获取当前日期的年份
age=year-int(IDNumber[6:10])             # 当前年份减去出生年份为年龄
if age > 18:                             # 如果年龄大于或等于 18，则输出成年人
    print("成年人")
elif age == 18:                          # 如果年龄等于 18，则需进一步处理
    month1 = datetime.date.today().month          # 获取当前日期的月份
    month2 = int(IDNumber[10:12])                 # 获取身份证中的月份
    month = month1 - month2
    if month > 0:
        print("成年人")
    elif month == 0:
        day1 = datetime.date.today().day          # 获取当前日期的日期
        day2 = int(IDNumber[12:14])               # 获取身份证中的日期
        day = day1 - day2
        if day >= 0:
            print("成年人")
```

```
        else:
            print(" 未成年人 ")                # 否则输出未成年人
else:
    print(" 未成年人 ")                        # 否则输出未成年人
```

任务分析

视频

选择类应用

根据任务描述，选择类应用部分设计如下：

（1）数据排序：随机生成 10 个 1~100 之间的整数数据，遍历整个数组，每次遍历只处理未排序的部分，如果前一个元素比后一个元素大，则交换位置，从小到大排序；

（2）判断闰年：随机输入一个年份，能被 4 整除但不能被 100 整除，或者能被 400 整除是闰年，或者使用 calendar 库的 isleap() 函数判断是否是闰年；

（3）等级分类：输入学生成绩，100 分至 85 分之间等级为 A，84 分至 70 分之间等级为 B，69 分至 60 分之间等级为 C，60 分以下等级为 D，输出对应的等级；

（4）分段计费：出租车费 = 起步价 + 里程费 + 等待时间费。输入公里数和等待时间，起步里程为 3 公里，起步费 10 元；超起步里程后 10 公里内，每公里 2 元；超过 10 公里的部分加收 50% 的回空补贴费，即每公里 3 元；营运过程中，因路阻及乘客要求临时停车的，按每 5 分钟 2 元计收（不足 5 分钟则不收费）。

任务实施

在 PyCharm 中，打开文件名为“科学计算器 .py”，进行代码编辑。

```
elif choice == 10:
    # 10-- 冒泡排序
    import random
    # 随机生成 10 个 1~100 之间的整数值
    arr = [random.randint(1, 100) for n in range(10)]
    n = len(arr)
    # 遍历整个数组
    for i in range(n):
    # 每次遍历只处理未排序的部分
        for j in range(0, n - i - 1):
        # 如果前一个元素比后一个元素大，则交换它们的位置
            if arr[j] > arr[j + 1]:
                    arr[j], arr[j + 1] = arr[j + 1], arr[j]
    print(arr)
elif choice == 11:
    #11-- 闰年判断
    year = int(input(" 请输入一个年份：")) 
    if(year % 4) == 0:
        if (year % 100) == 0:
            if (year % 400) == 0:
                print(year+" 是闰年 ")
            else:
                print(year+" 不是闰年 ")
        else:
            print("{year} 是闰年 ")
    else:
```

```
        print("{year} 不是闰年 ")

    import calendar

    year1 = int(input(" 请再输入一个年份: "))
    check_year = calendar.isleap(year1)
    if check_year:
        print(str(year1)+" 是闰年 ")
    else:
        print(str(year1)+" 不是闰年 ")
elif choice == 12:
    #12-- 等级分类
    score = float(input(" 请输入你的成绩: "))
    if 85 <= score <= 100:
        level = 'A'
    elif 70 <= score < 85:
        level = 'B'
    elif 60 <= score < 70:
        level = 'C'
    elif score < 60:
        level = 'D'
    print(" 您的成绩等级为 :", level)
elif choice == 13:
    #13-- 分段付费
    price = 0.0
    km = float(input(" 请输入公里数: "))
    wait = float(input(" 请输入等待时间: "))
    if km <= 3.0:
        price = 10.0
    elif 3.0 < km <= 15.0:
        price = 10.0 + int((km - 3.0) * 2)
    elif km > 15.0:
        price = (10.0 + int((km - 3.0) * 2)) * 1.5
    if wait >= 300:
        price += int(wait / 300)
    print(" 应付金额 %.2f" % price)
```

任务拓展

请输入一个四位数，判断是否为四叶玫瑰花数，示例如下。四叶玫瑰花数是指一个四位数，其各位上的数字四次方之和等于本身。

```
请输入一个四位数: 2456
四位数 2456 不是四叶玫瑰花数
```

```
请输入一个四位数: 1634
四位数 1634 是四叶玫瑰花数
```

请输入一个五位数，判断是否为回文数，示例如下。回文数就是从左边读和从右边读的结果是一模一样的。

```
请输入一个五位数：12345
五位数 12345 不是回文数
```

```
请输入一个五位数：12321
五位数 12321 是回文数
```

（1）在 PyCharm 中，选择“文件”→“新建项目”命令，在弹出的对话框中将项目命名为“chapter01”，单击“创建”按钮，创建新项目。

（2）在 PyCharm 中，右击左侧列表中的项目名称 chapter01，在弹出的快捷菜单中选择“新建”→“Python 文件”命令，在弹出的对话框中将文件命名为“任务拓展 3.py”，按【Enter】键，进行代码编辑。

四叶玫瑰花数判断代码如下：

```
# 例：请输入一个四位数，判断是否为四叶玫瑰花数
# 四叶玫瑰花数：千位的 4 次方 + 百位的 4 次方 + 十位的 4 次方 + 个位的 4 次方 = 数

# 数据输入部分
print("")
num = eval(input("请输入一个四位数："))

# 数据处理部分
千位 = num // 1000
百位 = num % 1000 // 100
十位 = num % 1000 % 100 // 10
个位 = num % 1000 % 100 % 10
# 判断是否为四叶玫瑰花数
if 千位**4 + 百位**4 + 十位**4 + 个位**4 == num:
    print("四位数",num,"是四叶玫瑰花数")
else:
    print("四位数",num,"不是四叶玫瑰花数")
```

回文数判断代码如下：

```
# 例：请输入一个五位数，判断是否为回文数
# 回文数：正读倒读都一样：万位 = 个位  千位 = 十位

# 数据输入部分
print("")
num = eval(input("请输入一个五位数："))

# 数据处理部分
万位 = num // 10000
千位 = num % 10000 // 1000
百位 = num % 10000 % 1000 //100
十位 = num % 10000 % 1000 % 100 //10
个位 = num % 10000 % 1000 % 100 % 10
# 判断是否为回文数
if 万位 == 个位 and 千位 == 十位：
    print("五位数",num,"是回文数")
else:
    print("五位数",num,"不是回文数")
```

任务六 循环类应用

任务描述

设计科学计算器的选择类应用部分，可以完成以下功能：

（1）能够输出九九乘法表，如图 2-23 所示。

（2）能够输出杨辉三角形，如图 2-24 所示。

（3）能够在指定区间内查找水仙花数，如图 2-25 所示。

（4）能够在指定区间内查找完全数，如图 2-26 所示。

```
                        多功能科学计算器系统
数据转换：1--数据类型转换        2--数据进制转换
运算符运算：3--算术运算 4--赋值运算     5--比较运算      6--逻辑运算
字符串应用：7--手机号码隐藏      8--获取个人信息 9--Unicode码转换
选择类应用：10--冒泡排序         11--闰年判断    12--等级分类    13--分段付费
循环类应用：14--九九乘法表       15--杨辉三角形  16--区间水仙花数        17--区间完全数
0--退出
请选择功能：14
1 * 1 = 1
1 * 2 = 2    2 * 2 = 4
1 * 3 = 3    2 * 3 = 6    3 * 3 = 9
1 * 4 = 4    2 * 4 = 8    3 * 4 = 12   4 * 4 = 16
1 * 5 = 5    2 * 5 = 10   3 * 5 = 15   4 * 5 = 20   5 * 5 = 25
1 * 6 = 6    2 * 6 = 12   3 * 6 = 18   4 * 6 = 24   5 * 6 = 30   6 * 6 = 36
1 * 7 = 7    2 * 7 = 14   3 * 7 = 21   4 * 7 = 28   5 * 7 = 35   6 * 7 = 42   7 * 7 = 49
1 * 8 = 8    2 * 8 = 16   3 * 8 = 24   4 * 8 = 32   5 * 8 = 40   6 * 8 = 48   7 * 8 = 56   8 * 8 = 64
1 * 9 = 9    2 * 9 = 18   3 * 9 = 27   4 * 9 = 36   5 * 9 = 45   6 * 9 = 54   7 * 9 = 63   8 * 9 = 72   9 * 9 = 81
```

图 2-23　科学计算器的九九乘法表

```
                        多功能科学计算器系统
数据转换：1--数据类型转换        2--数据进制转换
运算符运算：3--算术运算 4--赋值运算     5--比较运算      6--逻辑运算
字符串应用：7--手机号码隐藏      8--获取个人信息 9--Unicode码转换
选择类应用：10--冒泡排序         11--闰年判断    12--等级分类    13--分段付费
循环类应用：14--九九乘法表       15--杨辉三角形  16--区间水仙花数        17--区间完全数
0--退出
请选择功能：15
请输入行数：8
1
1 1
1 2 1
1 3 3 1
1 4 6 4 1
1 5 10 10 5 1
1 6 15 20 15 6 1
1 7 21 35 35 21 7 1
```

图 2-24　科学计算器的杨辉三角形

```
                        多功能科学计算器系统
数据转换：1--数据类型转换        2--数据进制转换
运算符运算：3--算术运算 4--赋值运算     5--比较运算      6--逻辑运算
字符串应用：7--手机号码隐藏      8--获取个人信息 9--Unicode码转换
选择类应用：10--冒泡排序         11--闰年判断    12--等级分类    13--分段付费
循环类应用：14--九九乘法表       15--杨辉三角形  16--区间水仙花数        17--区间完全数
0--退出
请选择功能：16
请输入区间上限：680
153
370
371
407
方法1：[100,680]中三位水仙花数的个数:4
153
370
371
407
方法2：[100,1000]中三位水仙花数的个数:4
```

图 2-25　科学计算器的水仙花数查找

```
                              多功能科学计算器系统
数据转换：1--数据类型转换            2--数据进制转换
运算符运算：3--算术运算  4--赋值运算          5--比较运算       6--逻辑运算
字符串应用：7--手机号码隐藏          8--获取个人信息  9--Unicode码转换
选择类应用：10--冒泡排序             11--闰年判断      12--等级分类       13--分段付费
循环类应用：14--九九乘法表           15--杨辉三角形    16--区间水仙花数           17--区间完全数
0--退出
请选择功能：17
请输入区间下限：1
请输入区间上限：10000
6       28      496     8128
```

图 2-26　科学计算器的完全数查找

相关知识

现实生活中存在着很多重复的事情，例如，一日三餐，太阳每天从东方升起，从西方落下。在程序开发中同样可能出现重复运行的代码，但这种重复不是简单机械的重复，每次重复都有新的内容，就像每日三餐都不一样。虽然每次重复运行的语句相同，但语句中值是变化的，而且只有当重复到一定次数或满足一定条件后才会结束语句的执行。Python 提供了循环语句，使用循环语句能用简洁的代码实现重复操作。

1.while 循环语句

while 循环语句是一个条件循环语句，若循环条件的值为 True，则运行之后的代码块，运行完代码块之后再次判断循环条件，如此重复，直至循环条件的值为 False 时循环终止，运行循环之后的代码。while 循环语句的一般格式为：

```
while 循环条件:
      代码块
```

while 循环语句中的表达式为循环条件，一般是关系表达式或逻辑表达式，其结果为 True 或 False，表达式后必须加冒号，代码块是重复运行的部分，称为循环体。

例如，用 while 循环语句计算 1+2+3+…+100 的和，这是一个求若干数之和的累加问题。定义变量 s 存放累加和，变量 n 存放累加项，用递推描述可表示为：$s_i=s_{i-1}+n_i$。其中，$s_0=0$，$n_1=1$。构造 while 循环体，实现两种操作：s+=n 和 n+=1，并设置 s 的初始值为 0、n 的初始值为 1。代码如下：

```
s = 0                 #s 存放累加和
n = 1                 #n 存放累加项
while n <= 100:       # 循环条件
    s += n            # 循环体，实现累加求和
    n +=1             # 循环体，实现循环条件 n 加 1
print("1+2+3+…+100=",s)
```

运行结果如下：

```
1+2+3+…+100=5050
```

在使用 while 循环时，一般会在 while 循环开始前设置循环变量初始值，用于记录循环次数，循环条件与循环变量有关，在循环体内改变循环变量的值，否则可能会出现死循环。

2.for 循环语句

for 循环语句通常用在已知重复执行次数的循环中，for 循环可遍历任何序列，如一个列表或者一个字符串，针对序列中的每个元素运行一次循环体。for 循环语句的一般格式为：

```
for 目标变量 in 序列对象:
    代码块
```

for 循环语句首行定义了目标变量和遍历的序列对象，后面是需要重复运行的代码块。

1）for 循环遍历序列

序列对象除了已经学过的字符串外，还包括列表、元组、字典、集合等，在后续单元中会具体讲解。for 循环语句的运行过程是：将序列对象中的元素逐个赋给目标变量，每次赋值都运行一遍循环体。当序列被遍历完，即每个元素都赋值执行过循环体后，循环结束，运行 for 循环语句后面的语句。例如，计算一个字符串中含有几个字符 a，代码如下：

```
str = "What we share today  may give parents new inspiration."
count=0                                     # 记录 a 的数目的变量
for c in str:                               # 依次从字符串中获取字符
    if c == 'a':                            # 如果获取的字符为 a，则数目加 1
        count += 1
print(" 字符串 str 中含有 ",count," 个 a!")
```

运行结果如下：

```
字符串 str 中含有 6 个 a！
```

2）for 循环与 range（函数搭配）

for 循环经常与 range() 函数搭配使用。range() 函数的语法格式如下：

```
range(start,stop,step)
```

start 指的是计数起始值，默认为 0；stop 指的是计数结束值，但不包括 stop；step 表示步长，默认为 1，不可以为 0。range() 函数可生成一个左闭右开的整数范围。

例如，输入 10 个数，求出其中的最大数和最小数。可以先假设第一个数就是最大数和最小数，将剩下的 9 个数与目前为止的最大数、最小数进行比较，比较 9 次后即可找出 10 个数中的最大数和最小数。需要定义 3 个变量，变量 x 存放输入的值，变量 max 存放最大值，变量 min 存放最小值。代码如下：

```
x = int(input(" 请输入数字: "))              # 输入第一个数
max = min = x                               # 将第一个数赋给记录最大值和最小值的变量
for i in  range(1,10):                      # 循环 9 次
    x = int(input(" 请输入数字: "))          # 输入一个数字
    if x > max:                             # 比最大值大，将新输入的数赋给最大值
        max = x
    elif x < min:                           # 比最小值小。将新输入的数赋给最小值
        min = x
print("max={0},min={1}".format(max,min))
```

根据用户输入的数，程序输出最大数、最小数。运行结果为：

```
请输入数字：543
请输入数字：546
请输入数字：765
请输入数字：345
请输入数字：24
请输入数字：7
请输入数字：45
请输入数字：67
请输入数字：48
请输入数字：56
max=765,min=7
```

for 循环与 range() 函数配合使用时，可以设置步长 step。

例如，输出 100 以内的 3 的倍数，每行显示 10 个数，并计算它们的和，代码如下：

```
s = 0                              # 存储和的变量
count = 0                          # 记录 3 的倍数的数目
for n in range(0,100,3):           # 从 0 开始至 99 结束，步长为 3
    print(n,end="\t")              # 输出 3 的倍数，不换行
    count += 1                     # 数目加 1
    if(count % 10 == 0):           # 输出 10 个数后换行
        print()
    s += n                         #3 的倍数的累加和
print("\n 100 以内 3 的倍数数字之和为：", s)
```

运行结果为：

```
0       3       6       9       12      15      18      21      24      27
30      33      36      39      42      45      48      51      54      57
60      63      66      69      72      75      78      81      84      87
90      93      96      99
100 以内 3 的倍数数字之和为： 1683
```

任务分析

视频
循环类应用

根据任务描述，循环类应用部分设计如下：

（1）九九乘法表：使用嵌套循环，i 从 1 至 9 开始变化，j 从 1 到 i 之间变化，按行输出九九乘法的结果；

（2）杨辉三角形：输入层数，先初始化一个 $n*n$ 的矩阵，元素均为 0，i 代表行数，j 代表列数，第 0 列的元素设置为 1，其他元素设置为：上一行上一列元素 + 上一行当前列元素，输出相应层数的三角形；

（3）区间内查找水仙花数：输入区间上限，在 100 至区间上限内，获取当前三位数的个位、十位和百位，如果：三位数 = 个位 ^{3} + 十位 ^{3}+ 百位 ^{3}，则为水仙花数；

（4）区间内查找完全数：输入区间上限和下限，在此区间内查找并输出完全数。真因子（除自身以外的因子）之和与它本身相等的正整数为完全数。

任务实施

在 PyCharm 中，打开文件名为“科学计算器 .py”，进行代码编辑。

```
elif choice == 14:
    #14-- 九九乘法表
    for i in range(1, 10):
        for j in range(1, i + 1):
            print(j,"*",i,"=",i*j,end="\t")
        print()
elif choice == 15:
    #15-- 杨辉三角形
    n = int(input(" 请输入行数: "))
    li = [[0] * n for i in range(n)]  # 初始化一个 n*n 的矩阵
    for i in range(n):
        for j in range(n):
            if j == 0:
                li[i][j] = 1
            else:
                li[i][j] = li[i - 1][j - 1] + li[i - 1][j]
            if li[i][j] != 0:
                if i == j:
                    print(str(li[i][j]))
                else:
                    print(str(li[i][j]), end=" ")
elif choice == 16:
    #16-- 区间水仙花数
    # 找出 [100,N] 中三位水仙花数的个数
    N = int(input(" 请输入区间上限: "))
    ans = 0
    for i in range(100, N + 1):
        num_1 = i % 10                   # 这样写不会影响程序的运行
        num_3 = i // 100
        num_2 = i // 10 % 10
        if num_1 ** 3 + num_2 ** 3 + num_3 ** 3 == i:
            ans += 1
            print(i)
    print(" 方法 1: [100,"+str(N)+"] 中三位水仙花数的个数 :"+str(ans))
    ans = 0
    for i in range(100,1000):
        s = str(i)
        bai = int(s[0])
        shi = int(s[1])
        ge = int(s[2])
        if i == bai**3 + shi**3 + ge**3:
            ans += 1
            print(i)
    print(" 方法 2: [100,1000] 中三位水仙花数的个数 :"+str(ans))
elif choice == 17:
    #17-- 区间完全数
    N1 = int(input(" 请输入区间下限: "))
    N2 = int(input(" 请输入区间上限: "))
    for n in range(N1, N2 + 1):
        sum = 0
        for i in range(N1, n):
```

```
        if n % i == 0:
            sum = sum + i
    if sum == n:
        print(n, end="\t")
```

任务拓展

请输入一个数，判断这个数是不是素数，要求使用两种方法，示例如下：

```
请输入一个数：75
75 不是素数
```

```
请输入一个数：19
19 是素数
```

（1）在 PyCharm 中，选择“文件”→“新建项目”命令，在弹出的对话框中将项目命名为“chapter02”，单击“创建”按钮，创建新项目。

（2）在 PyCharm 中，右击左侧列表中的项目名称 chapter02，在弹出的快捷菜单中选择“新建”→“Python 文件”命令，在弹出的对话框中将文件命名为“任务拓展 4.py”，按【Enter】键，进行代码编辑。

素数的第一种解法代码如下：

```
# 例  素数：只能被 1 和自身整除的数
# 找：（2....( 自身 -1)）范围内，没有任何 1 个数能整除
# 数据输入部分
print("")
num = eval(input(" 请输入一个数：")）

# 数据处理部分
for i in range(2,num):
    if num%i == 0:
        print(num," 不是素数 ")
        break
    elif i == num - 1:
        print(num," 是素数 ")
```

素数的第二种解法代码如下：

```
# 例  素数：只能被 1 和自身整除的数
# 找：（2....( 自身 -1)）范围内，没有任何 1 个数能整除
# 数据输入部分
num = eval(input(" 请输入一个数：")）
flag = 1
# 数据处理部分
for i in range(2,num):
    if num%i == 0:
        flag = 0
        break
if flag == 1
    print(num," 是素数 ")
else:
    print(num," 不是素数 ")
```

项目总结

- 人工智能初级编程——科学计算器项目
  - 科学计算器界面
    - 1.Python编程规范
      - 编码
      - 注释
      - 缩进
      - 语句换行
      - 标识符与关键字
    - 2.变量
      - 变量名
    - 3.输入和输出
      - 输入：input()函数
      - 输出：print()函数
  - 数据转换
    - 1.数字类型
      - 整型：二进制、八进制、十进制、十六进制
      - 浮点型：十进制形式表示、科学记数法
      - 复数类型：由实部和虚部构成
      - 布尔类型：True和False
    - 2.数字类型转换
      - int()、float()、str()
  - 运算符运算
    - 1.运算符
      - 算术运算符：+、–、*、/、//、%、**
      - 比较运算符：==、！=、>、<、>=、<=
      - 赋值运算符：=、+=、–=、*=、/=、%=、**=、//=
      - 逻辑运算符：or、and、not
      - 成员运算符：in、not in
      - 身份运算符：is、is not
    - 2.运算符的优先级
  - 字符串应用
    - 1.字符串
      - 用来表示文本的数据类型，不可变
    - 2.转义字符
      - 用反斜线“\”进行转义
    - 3.字符串格式化
      - 通过占位符%、formal()方法和f-strings这三种方式实现格式化输出
    - 4.字符串的索引与切片
    - 5.字符串的运算符
    - 6.字符串的内置函数
  - 选择类应用
    - 1.条件语句
      - if语句
      - if...else语句
      - if...elif...else语句
    - 2.条件结构的嵌套
  - 循环类应用
    - 1.while循环语句
    - 2.for循环语句

项目拓展

编写一个多功能选择应用程序，完成以下特殊数据——自幂数的查找。不同位数的自幂数名字如下：

一位自幂数：独身数；

三位自幂数：水仙花数；

四位自幂数：四叶玫瑰数；

五位自幂数：五角星数；

六位自幂数：六合数；

七位自幂数：北斗七星数；

八位自幂数：八仙数；

九位自幂数：九九重阳数；

十位自幂数：十全十美数；

其中，水仙花数又称阿姆斯特朗数。

三位的水仙花数共有 4 个：153，370，371，407；

四位的四叶玫瑰数共有 3 个：1634，8208，9474；

五位的五角星数共有 3 个：54748，92727，93084；

六位的六合数只有 1 个：548834；

七位的北斗共有 4 个：1741725，4210818，9800817，9926315；

八位的八仙数共有 3 个：24678050，24678051，88593477；

九位的九九重阳数共有 4 个：146511208，472335975，534494836，912985153；

十位的自幂数只有 1 个：4679307774。

具体实施步骤如下：

（1）在 PyCharm 中，选择“文件”→“新建项目”命令，在弹出的对话框中将项目命名为“chapter02”，单击“创建”按钮，创建新项目。

（2）在 PyCharm 中，右击左侧列表中的项目名称 chapter02，在弹出的快捷菜单中选择“新建”→“Python 文件”命令，在弹出的对话框中将文件命名为“项目拓展 .py”，按【Enter】键，进行代码编辑。

```
# coding=utf-8
import math
while True:
    n=int(input(" 请输入自幂数位数: "))
    if(n == 1):
        print(" 独身数 :",end = "")
        print("0\t")
    elif(n == 2):
        print(" 两位自幂数 :",end = "")
        print(" 没有自幂数! ")
    elif(n == 3):
        print(" 水仙花数 :",end = "")
    elif(n == 4):
        print(" 四叶玫瑰数 :",end = "")
```

```
elif(n == 5):
    print("五角星数:",end = "")
elif(n == 6):
    print("六合数:",end = "")
elif(n == 7):
    print("北斗七星数:",end = "")
elif(n == 8):
    print("八仙数:",end = "")
elif(n == 9):
    print("九九重阳数:",end = "")
elif(n == 10):
    print("十全十美数:",end = "")
else:
    print("其他自幂数:",end = "")
for i in range(int(math.pow(10,n-1)),int(math.pow(10,n))):
    num = 0
    for j in str(i):
        num += int(math.pow(int(j),n))
    if(i == num):
        print(i,end=",")
print("\n")
```

运行结果如图 2-27 所示。

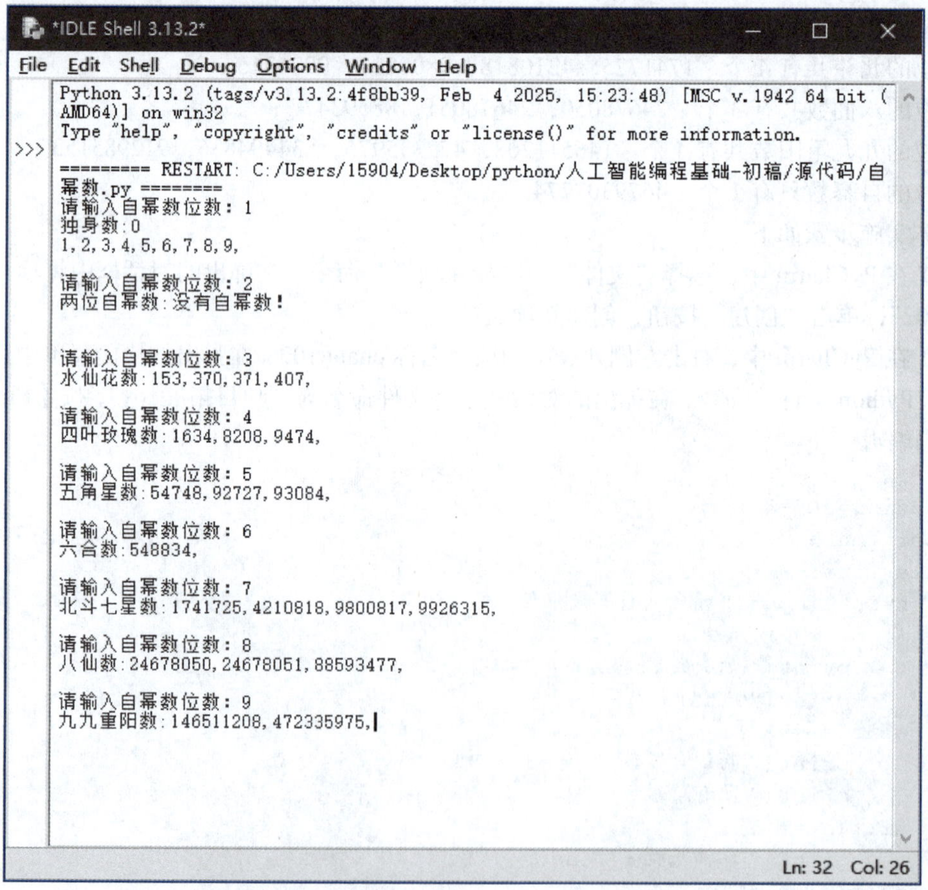

图 2-27 自幂数查找运行结果图

项目三 人工智能中级编程——成绩管理项目

学习目标

◎知识目标

1. 掌握 Python 列表的创建和基本操作
2. 掌握 Python 元组的创建和基本操作
3. 掌握 Python 字典的创建和基本操作
4. 掌握 Python 函数的定义和调用
5. 掌握 Python 函数的参数传递方式

◎能力目标

1. 能够根据需求选择合适的组合数据类型存储数据
2. 能够根据需求灵活使用组合数据类型操作数据
3. 能够根据具体项目相应功能的函数并调用
4. 能够根据实际情况选择合适的参数传递方式

◎素质目标

1. 具有全面考虑、精益求精的工匠精神
2. 具有创新能力，具体问题具体分析和解决的能力
3. 具有良好的编码规范和职业素养

项目导入

设计学生成绩管理项目，采用人机交互界面，采集学生的信息（包括学号、姓名和各科成绩），并能够修改已有信息、删除错误信息、显示已有信息等，还能够统计分析课程的平均分、最高分和最低分。主要完成以下三个子任务，具体见表 3-1。

表 3-1　成绩管理项目的任务清单

项目名称	任务名称	任务功能
成绩管理项目	界面输出	设计主菜单提示用户进行选择：学生成绩管理、学生成绩分析和退出系统；设计学生成绩管理子菜单和学生成绩统计分析子菜单
	学生成绩管理	添加学生信息、删除学生信息、修改学生信息、显示学生信息和返回
	学生成绩统计分析	分析课程平均分、课程最高分、课程最低分和返回

其中，每个子任务所对应知识点思维导图如图 3-1 所示。

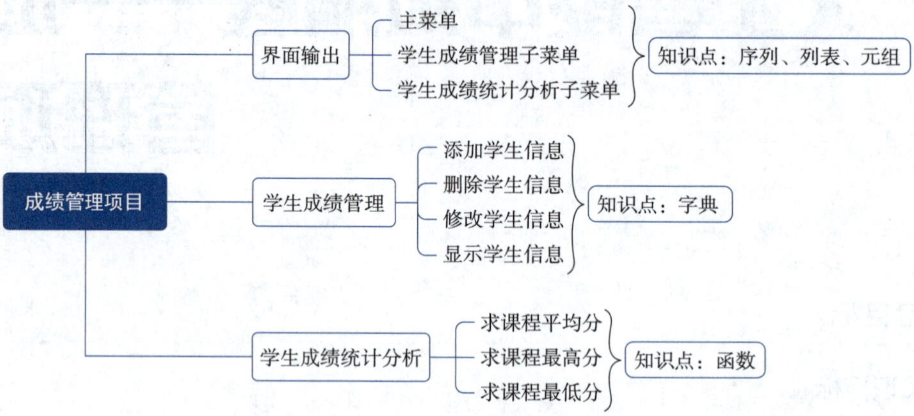

图 3-1　成绩管理项目的思维导图

任务一　界面输出

任务描述

设计成绩管理项目的界面输出部分，可以完成以下功能，具体如图 3-2 所示：

```
========学生成绩管理系统========
info  -------学生成绩管理
score -------学生成绩分析统计
exit  -------退出系统
===============================
main>info
------学生基本信息管理------
insert--------添加学生信息
delete--------删除学生信息
update--------修改学生信息
show----------显示学生信息
return--------返回
-----------------------------
info>return
```

```
========学生成绩管理系统========
info  -------学生成绩管理
score -------学生成绩分析统计
exit  -------退出系统
===============================
main>score
=========学生成绩统计=========
avg     --------课程平均分
max     --------课程最高分
min     --------课程最低分
return  --------返回
=============================
score>return


========学生成绩管理系统========
info  -------学生成绩管理
score -------学生成绩分析统计
exit  -------退出系统
===============================
main>
```

图 3-2　成绩管理项目的界面输出

（1）主菜单：输出并提示用户进行学生成绩管理、学生成绩分析和退出系统选择；

（2）当用户选择学生成绩管理进入学生成绩管理子菜单：输出并提示用户选择添加学生信息、删除学生信息、修改学生信息、显示学生信息和返回；

（3）当用户选择学生成绩统计分析进入学生成绩统计分析子菜单：输出并提示用户选择课程平均分、课程最高分、课程最低分和返回。

相关知识

1. 序列

序列（sequence）是指按特定顺序排列的一组数据，它们可以占用一块内存，也可以分散到多块内存中。在 Python 编程中，既需要独立的变量来保存一份数据，也需要序列来保存大量数据。

列表（list）和元组（tuple）比较相似，它们都按顺序保存元素，所有的元素占用一块连续的内存，每个元素都有自己的索引，因此列表和元组的元素都可以通过索引来访问。它们的区别在于，列表是可以修改的，而元组是不可修改的。字符串是一种常见的序列，可以直接通过索引访问字符串内的字符。

1）序列索引

序列中的每个元素都有属于自己的编号（索引）。从起始元素开始，索引从 0 开始递增，这种索引称为正向索引，如图 3-3 所示。

元素1	元素2	元素3	元素4	……	元素n
0	1	2	3	……	n-1

图 3-3 正向索引示意

除此之外，Python 还支持索引是负数，此类索引称为反向索引，其索引是从右向左计数，换句话说，从最后一个元素开始计数，索引从 -1 开始，如图 3-4 所示。

元素1	元素2	元素3	元素4	……	元素n-1	元素n
-n	-(n-1)	-(n-2)	-(n-3)	……	-2	-1

图 3-4 反向索引示意

注意，在使用负数作为序列中各元素的索引时，是从 -1 开始，而不是从 0 开始的。

无论是采用正索引，还是负索引，都可以访问序列中的任何元素。以字符串为例，访问“Python 是一种简单的编程语言”的首元素和尾元素，可以使用如下的代码：

```
str = 'Python 是一种简单的编程语言 '
length = len(str)
print(str[0],'==',str[-length])
print(str[length-1],'==',str[-1])
```

运行结果如下：

```
P == P
言 == 言
```

2）序列切片

切片操作是访问序列中元素的另一种方法，它可以访问一定范围内的元素。通过切片操作，可以生成一个新的序列。序列实现切片操作的语法格式如下：

```
sname[start:end:step]
```

其中，各个参数的含义如下。

- sname：表示序列的名称。
- start：表示切片的开始索引位置（包括该位置），此参数也可以不指定，默认为 0，也就是从序列的开头进行切片。
- end：表示切片的结束索引位置（不包括该位置），如果不指定，则默认为序列长度。
- step：表示在切片过程中，隔几个存储位置（包含当前位置）取一次元素，如果 step 的值大于 1，则在进行切片取序列元素时，会“跳跃式”地取元素。如果省略设置 step 的值，最后一个冒号可以省略。

例如，对字符串“Python 是一种简单的编程语言”进行切片：

```
str = 'Python 是一种简单的编程语言'
print(str[:2])   # 取索引区间为 [0,2] 的字符串，不包括索引 2 处的字符
print(str[::2])  # 索引区间为整个字符串，隔一个字符取一个字符
print(str[:])    # 输出整个字符串
```

运行结果如下：

```
Py
Pto 是种单编语
Python 是一种简单的编程语言
```

3）序列相加

Python 支持两种类型相同的序列使用“+”运算符做相加操作，它会将两个序列进行连接，不会去除重复的元素。这里所说的“类型相同”，指的是“+”运算符的两侧序列都是列表，或都是元组，或都是字符串。

例如，用“+”运算符连接两个（甚至多个）字符串，如下所示：

```
id = '2020010101'
name = '张三'
print("学号："+id+"，姓名："+name)
```

运行结果如下：

```
学号：2020010101，姓名：张三
```

4）序列相乘

在 Python 中，使用数字 n 乘一个序列会生成新的序列，其内容为原来序列重复 n 次的结果。

```
str = 'Python 爱好者'
print(str*5)
list1 = [1,2,3,4,5]
```

```
print(list1*3)
```

运行结果如下：

```
Python 爱好者 Python 爱好者 Python 爱好者 Python 爱好者 Python 爱好者
[1, 2, 3, 4, 5, 1, 2, 3, 4, 5, 1, 2, 3, 4, 5]
```

5）检查元素是否包含在序列中

在 Python 中，可以使用关键字 in 检查某元素是否包含在序列中，其语法格式为：

```
value in sequence
```

其中，value 表示要检查的元素，sequence 表示指定的序列。

例如，检查字符 g 是否包含在字符串“Python program”中，可以运行如下代码：

```
str = 'Python program'
print("g" in str)
```

运行结果如下：

```
True
```

关键字 not in 用来检查某个元素是否不包含在指定的序列中，例如：

```
str = 'Python program'
print("g" not in str)
```

运行结果如下：

```
False
```

6）和序列相关的内置函数

Python 提供了与序列相关的内置函数，见表 3-2，用于实现与序列相关的常用操作。

表 3-2　与序列相关的内置函数

函　数	功　能
len()	计算序列的长度，即返回序列中包含多少个元素
max()	找出序列中的最大元素
min()	找出序列中的最小元素
list()	将序列转换为列表
str()	将序列转换为字符串
sum()	计算序列元素之和。使用该函数时，序列中的元素必须是数字，不能是字符或字符串，否则该函数将抛出异常，因为解释器无法判定是要做连接操作（“+”可以连接两个序列），还是做加法操作
sorted()	对元素进行排序
reversed()	反向序列中的元素
enumerate()	将序列组合为一个索引序列，多用在 for 循环中

这里给出几个例子：

```
str = 'PythonProgram'
print(max(str))
print(min(str))
print(sorted(str))
```

运行结果如下：

```
y
P
['P','P','a','g','h','m','n','o','o','r','r','t','y']
```

2. 列表

从形式上看，列表会将所有元素都放在一对方括号"[]"里面，相邻元素之间用逗号分隔，如下所示：

```
[element1,element2,element3,...,elementn]
```

上述格式中，element1~elementn 表示列表中的元素，元素个数没有限制，但必须是 Python 支持的数据类型。从内容上看，列表可以存储整数、小数、字符串、列表、元组、对象等任何类型的数据，并且同一个列表中元素的类型也可以不同。比如：

```
['I like Python!',1,[2,3,4],3.0]
```

可以看到，列表中同时包含字符串、整数、列表、浮点数等数据类型。

注意，虽然可以将不同类型的数据放入同一个列表，但通常情况下不建议这么做。同一列表中只放入同一类型的数据，这样可以提高代码的可读性。

另外，列表的数据类型为 list，通过 type() 函数可以查看：

```
print(type(['I like Python!',1,[2,3,4],3.0]))
```

运行结果如下：

```
<class 'list'>
```

1）创建列表

在 Python 中，创建列表的方法有两种。

（1）使用"[]"直接创建列表。

使用"[]"创建列表后，一般使用"="将它赋值给某个变量，具体格式如下：

```
listname=[element1,element2,element3,.., elementn]
```

其中，listname 表示变量名，element1~elementn 表示列表元素。
使用此方法创建列表时，列表中的元素可以有多个，也可以一个都没有。下面创建的列表都是合法的。

```
num = [11,23,35,7,69,3,89]
```

```
program = ['Java','Python','C']
emptylist = []
```

（2）使用 list() 函数创建列表。

Python 提供内置函数 list()，使用它可以将其他数据类型转换为列表类型。例如：

```
list1 = list("hello")
print(list1)
tuple1 = ("Java","Python","C++","JavaScript")
list2 = list(tuple1)
print(list2)
dict1 = {"a":22,"b":33,"c":55}
list3 = list(dict1)
print(list3)
range1 = range(1,10)
list4 = list(range1)
print((list4))
```

运行结果如下：

```
["h","e","l","l","o"]
["Java","Python","C++","JavaScript"]
["a","b","c"]
[1,2,3,4,5,6,7,8,9]
```

2）访问列表元素

列表是 Python 序列的一种，可以使用索引访问列表中的某个元素，也可以使用切片访问列表中的一组元素。使用索引访问列表元素的格式为：

```
listname[i]
```

其中，listname 表示列表名字，i 表示索引。列表的索引可以是正数，也可以是负数。

使用切片访问列表元素的格式为：

```
listname[start:end:step]
```

其中，listname 表示列表名字，start 表示起始索引，end 表示结束索引，step 表示步长。

```
str = list("I like Python very much!")
print(str[3])      #使用正索引并输出元素
print((str[-4])) #使用负索引并输出元素
print(str[3:9])   #使用正数切片并输出元素
print(str[3:7:2])#特定步长并输出元素
print(str[-9:-1])#使用正负数切片并输出元素
```

运行结果如下：

```
i
u
["i","k","e"," ","P","y"]
```

```
["i","e"]
["e","r","y"," ","m","u","c","h"]
```

3）删除列表

对于已经创建的列表，如果不再使用，可以使用 del 关键字将其删除。实际开发中并不经常使用 del 关键字来删除列表，因为 Python 自带的垃圾回收机制会自动销毁无用的列表，即使开发者不手动删除，Python 也会自动将其回收。

del 关键字的语法格式为：

```
del listname
```

其中，listname 表示要删除的列表的名称。例如：

```
list5 = [3,48,18,54]
print(list5)
del list5
print(list5)
```

运行结果如下，可见使用 del 关键字删除列表后再访问该列表会出现异常。

```
[3,48,18,54]
Traceback (most recent call last):
  File "C:\Users\15904\PycharmProjects\chapter03\chapter03.py", line 59, 
in <module>
    print(list5)
NameError: name 'list5' is not defined. Did you mean: 'list1'?
```

4）添加列表元素

（1）使用“+”连接列表。可以使用“+”运算符将多个序列连接起来，生成一个新的列表，原有的列表不会改变，例如：

```
list1 = ["Java","Python","C++","JavaScript"]
list2 = [11,23,35,7,69,3,89]
list3 = list1 + list2
print("list1=",list1)
print("list2=",list2)
print("list3=",list3)
```

运行结果如下：

```
list1= ["Java","Python","C++","JavaScript"]
list2= [11,23,35,7,69,3,89]
list3= ["Java","Python","C++","JavaScript",11,23,35,7,69,3,89]
```

（2）使用 append() 函数添加列表元素。append() 函数用于在列表的末尾添加元素，该函数的语法格式如下：

```
listname.append(obj)
```

其中，listname 表示要添加元素的列表，obj 表示添加到列表末尾的数据，它可以是单个元素，也可以是列表、元组等，例如：

```
list1 = ["Java","Python","C++"]
list1.append("JavaScript")
print(list1)
tuple1 = ("PHP","C#","Go")
list1.append(tuple1)
print(list1)
list3 = ["Ruby","SQL"]
list1.append(list3)
print(list1)
```

运行结果如下：

```
["Java","Python","C++","JavaScript"]
["Java","Python","C++","JavaScript",("PHP","C#","Go")]
["Java","Python","C++","JavaScript",("PHP","C#","Go"),["Ruby","SQL"]]
```

可以看到，当给 append() 函数传递列表或者元组时，此函数会将它们视为一个整体，作为一个元素添加到列表中，从而形成包含列表或元组的新列表。

（3）使用 extend() 函数添加列表元素。extend() 函数和 append() 函数的不同之处在于，extend() 函数不会把列表或者元组视为一个整体，而是把它们包含的元素逐个添加到列表中。

extend() 函数的语法格式如下：

```
listname.extend(obj)
```

其中，listname 指的是要添加元素的列表，obj 表示添加到列表末尾的数据，它可以是单个元素，也可以是列表、元组等，但不能是单个数字，例如：

```
list1 = ["JavaScript","Python","C++"]
list1.extend("Java")
print(list1)
tuple1 = ("PHP","C#")
list1.extend(tuple1)
print(list1)
list3 = ["Ruby","Go"]
list1.extend(list3)
print(list1)
```

运行结果如下：

```
["JavaScript","Python","C++","J","a","v","a"]
["JavaScript","Python","C++","J","a","v","a","PHP","C#"]
["JavaScript","Python","C++","J","a","v","a","PHP","C#","Ruby","Go"]
```

（4）使用 insert() 函数插入列表元素。append() 函数和 extend() 函数只能在列表末尾添加元素，如果需要在列表中间某个位置插入元素，可以使用 insert() 函数。

insert() 函数的语法格式如下：

```
listname.insert(index, obj)
```

其中，index 表示指定位置的索引。insert() 函数会将 obj 表示的数据插入 listname 表示的列表的第 index 个元素的位置上。当插入列表或者元组时，insert() 函数也会将它们视为一个整体，作为一个元素插入列表，这一点和 append() 函数是一样的，例如：

```
list1 = ["Java","Python","C++"]
list1.insert(1,"JavaScript")
print(list1)
tuple1 = ("PHP","C#","Go")
list1.insert(2,tuple1)
print(list1)
list3 = ["Ruby","SQL"]
list1.insert(3,list3)
print(list1)
```

运行结果如下：

```
["Java","JavaScript","Python","C++"]
["Java","JavaScript",("PHP","C#","Go"),"Python","C++"]
["Java","JavaScript",("PHP","C#","Go"),["Ruby","SQL"],"Python","C++"]
```

5）删除列表元素

在 Python 列表中删除元素主要有以下 3 种场景：根据目标元素所在位置的索引进行删除，可以使用 del 关键字或者 pop() 函数；根据元素本身的值进行删除，可使用列表提供的 remove() 函数；将列表中所有元素全部删除，可使用列表提供的 clear() 函数。

（1）使用 del 关键字根据索引删除列表元素。del 是 Python 的关键字，专门用来执行删除操作，它不仅可以删除整个列表，还可以删除列表中的某些元素。

del 可以删除列表中的单个元素，格式为：

```
del listname[index]
```

其中，listname 表示列表名称，index 表示元素的索引。例如：

```
list1 = ["Java","Python","C++","PHP","Ruby"]
del list1[2]     #使用正索引
print(list1)
del list1[-2]    #使用负索引
print(list1)
```

运行结果如下：

```
["Java","Python","PHP","Ruby"]
["Java","Python","Ruby"]
```

del 也可以删除列表中间一段连续的元素，格式为：

```
del listname[start:end]
```

其中，start 表示起始索引，end 表示结束索引。del 会删除从索引 start 到 end 之间的元素，不包括 end 位置的元素。例如：

```
list1 = ["Java","Python","C++","PHP","Ruby"]
del list1[1:4]
print(list1)
list1.extend(["JavaScript","SQL","Go","C"])
del list1[-4:-1]
print(list1)
```

运行结果如下：

```
["Java","Ruby"]
["Java","Ruby","C"]
```

（2）使用 pop() 函数根据索引删除列表元素。pop() 函数用来删除列表中指定索引处的元素，具体格式如下：

```
listname.pop(index)
```

其中，listname 表示列表名称，index 表示索引。如果不指定 index 参数，默认会删除列表中的最后一个元素，类似于数据结构中的"出栈"操作。

```
nums = [23,56,34,2,78,9,11,37]
nums.pop(3)
print(nums)
nums.pop()
print(nums)
```

运行结果如下：

```
[23, 56, 34, 78, 9, 11, 37]
[23, 56, 34, 78, 9, 11]
```

（3）使用 remove() 函数根据元素值删除列表元素。remove() 函数会根据元素本身的值来执行删除操作。需要注意的是，remove() 函数只会删除第一个和指定值相同的元素，而且必须保证该元素是存在的，否则会引发错误警报 ValueError，例如：

```
nums = [23,56,34,2,78,9,11,37]
nums.remove(34)
print(nums)
nums.remove(9)
print(nums)
nums.remove(55)
print(nums)
```

运行结果如下：

```
[23,56,2,78,9,11,37]
[23,56,2,78,11,37]
Traceback (most recent call last):
  File "C:\Users\15904\PycharmProjects\chapter03\chapter03.py", line
122, in <module>
    nums.remove(55)
ValueError: list.remove(x): x not in list
```

最后一次删除，55 不在列表中导致报错，因此在使用 remove() 函数删除元素时最好提前判断一下。

（4）使用 clear() 函数删除列表所有元素。clear() 函数用来删除列表的所有元素，即清空列表，例如：

```
str = list("I like Python very much!")
str.clear()
print(str)
```

运行结果如下：

```
[]
```

6）修改列表元素

Python 提供了两种修改列表元素的方法，可以每次修改单个元素，也可以每次修改一组元素。

修改单个元素非常简单，直接对元素赋值即可。例如：

```
nums = [23,56,34,2,78,9,11,37]
nums[2] = -27
nums[-3] = -57.8
print(nums)
```

运行结果如下：

```
[23,56,-27,2,78,-57.8,11,37]
```

Python 支持通过切片给一组元素赋值。在进行这种操作时，如果不指定步长，Python 就不要求新赋值的元素个数与原来的元素个数相同。这意味着该操作既可以为列表添加元素，也可以为列表删除元素。例如：

```
nums = [23,56,34,2,78,9,11,37]
nums[1:4] = [43.5,72,-66.8] # 修改第 1~4 个元素，不包括第 4 个元素
print(nums)
```

运行结果如下：

```
[23,43.5,72,-66.8,78,9,11,37]
```

如果对空切片赋值，就相当于插入一组新的元素，例如：

```
nums = [23,56,34,2,78,9,11,37]
nums[4:4] = [43.5,72,-66.8]              # 在索引为 4 的位置插入元素
print(nums)
```

运行结果如下：

```
[23,56,34,2,43.5,72,-66.8,78,9,11,37]
```

使用切片赋值时，Python 不支持单个值，例如下面的写法就是错误的：

```
nums[4:4] = -35
```

但是如果使用字符串赋值，Python 会自动把字符串转换成序列，其中的每个字符都是一个元素，例如：

```
str = list("Python")
str[2:4] = "ABC"
print(str)
```

运行结果如下：

```
["P","y","A","B","C","o","n"]
```

使用切片语法时也可以指定步长，但这个时候就要求所赋值的新元素的个数与原有元素的个数相同，例如：

```
nums = [23,56,34,2,78,9,11,37]
nums[1:6:2] = [43.5,72,-66.8]            # 步长为 2，为第 1、3、5 个元素赋值
print(nums)
```

运行结果如下：

```
[23,43.5,34,72,78,-66.8,11,37]
```

7）查找列表元素

Python 列表提供了 index() 函数和 count() 函数，它们都可以用来查找列表元素。

（1）index() 函数。index() 函数用来查找某个元素在列表中的位置，如果该元素不存在，则会导致 ValueError，所以在查找之前最好使用 count() 函数判断一下。

index() 函数的语法格式为：

```
listname.index(obj,start,end)
```

其中，listname 表示列表名称，obj 表示要查找的元素，start 表示起始位置，end 表示结束位置。start 和 end 可以省略，此时会检索整个列表；如果只使用 start，不使用 end，那么表示检索从 start 到列表末尾的元素；如果 start 和 end 都使用，那么表示检索 start 到 end 之间的元素。index() 函数会返回元素在列表中的索引。例如：

```
nums = [23,56,34,2,78,9,11,37]
print(nums.index(2))                # 检索并输出列表中的所有元素
print(nums.index(78,3,7))           # 检索并输出索引为 3~7 的元素
print(nums.index(9,4))              # 检索并输出索引为 4 的元素
print(nums.index(63))               # 检索并输出索引为一个不存在的元素
```

运行结果如下：

```
3
4
5
Traceback (most recent call last):
  File "C:\Users\15904\PycharmProjects\chapter03\chapter03.py", line 154,
in <module>
    print(nums.index(63))           # 检索并输出索引为一个不存在的元素
ValueError: 63 is not in list
```

（2）count() 函数。count() 函数用来统计某个元素在列表中出现的次数，基本语法格式为：

```
listname.count(obj)
```

其中，listname 代表列表名称，obj 表示要统计的元素。如果 count() 函数返回 0，就表示列表中不存在该元素。因此，count() 函数也可以用来判断列表中是否存在某个元素。例如：

```
nums = [23,56,34,2,78,9,56,11,37]
print("56 出现了 %d 次 "%nums.count(56))          # 统计并输出元素出现的次数
if nums.count(100):                               # 判断一个元素是否存在
    print(" 列表中存在 100 这个元素 ")
else:
    print(" 列表中不存在 100 这个元素 ")
```

运行结果如下：

```
56 出现了 2 次
列表中不存在 100 这个元素
```

8）遍历列表

列表是一个可迭代对象，它可以通过 for 循环遍历元素。例如：

```
list1 = ["Java","Python","C++","JavaScript"]
for i in list1:
    print(i," 是编程语言 ")
```

运行结果如下：

```
Java 是编程语言
Python 是编程语言
C++ 是编程语言
JavaScript 是编程语言
```

3. 元组

元组是 Python 中另一个重要的序列结构。和列表类似，元组也是由一系列按特定顺序排列的元素组成。

元组和列表的不同之处在于，列表的元素是可以更改的，包括修改元素值、删除和插入元素，所以列表是可变序列；而元组一旦被创建，它的元素就不可更改，所以元组是不可变序列。通常情况下，元组用于保存无须修改的内容。

从形式上看，元组的所有元素都放在一对圆括号“()”中，相邻元素之间用逗号分隔，格式为：

```
(element1,element2,...,elementn)
```

其中，element1~elementn 表示元组中的各个元素，数目没有限制，但必须是 Python 支持的数据类型。

从存储内容上看，元组可以存储整数、实数、字符串、列表、元组等任何类型的数据，并且在同一个元组中，元素的类型可以不同，例如：

```
("biancheng",1,[2,"a"],("abc",3.0))
```

在这个元组中，有多种类型的数据，包括整数、字符串、列表、元组。在 Python 中，元组的数据类型为 tuple，通过 type() 函数即可查看：

```
print(type(("biancheng",1,[2,"a"],("abc",3.0))))
```

运行结果如下：

```
<class "tuple">
```

1）创建元组

Python 提供了两种创建元组的方法。

（1）使用“()”直接创建元组。使用“()”创建元组后，一般使用“=”将它赋值给某个变量，具体格式为：

```
tuplename=(element1,element2,...,elementn)
```

其中，tuplename 表示变量名，element1~elementn 表示元组元素。例如，下面的元组都是合法的：

```
num = (5,12,67,8,93,34)
course =("人工智能编程基础","https://www.baidu.com")
str = ("Python",16,[1,2],("a",3.5))
```

在 Python 中，元组通常使用一对圆括号标识所有元素，但圆括号不是必需的，只要将各元素用逗号隔开，Python 就会将其视为元组。例如：

```
course ="人工智能编程基础","https://www.baidu.com"
print(course)
```

运行结果如下：

```
("人工智能编程基础", "https://www.baidu.com")
```

需要注意的一点是，当创建的元组中只有一个元素时，该元素后面必须加一个逗号，否则 Python 解释器会将它视为该元素对应的类型。

```
a =("人工智能编程基础",)
print(type(a))
print(a)
b =("人工智能编程基础")
print(type(b))
print(b)
```

运行结果如下：

```
<class "tuple">
("人工智能编程基础",)
<class "str">
人工智能编程基础
```

（2）使用 tuple() 函数创建元组。Python 还提供了内置函数 tuple()，可将其他数据类型转换成元组类型。tuple() 函数的语法格式如下：

```
tuple(data)
```

其中，data 表示可以转换成元组的数据，包括字符串、元组、range 对象等。tuple() 函数使用示例如下：

```
tuple1 = tuple("hello")        #将字符串转换成元组
print(tuple1)
list1 = ["Java","Python","C++","JavaScript"]
tuple2 = tuple(list1)          #将列表转换成元组
print(tuple2)
dict1 = {"a":22,"b":33,"c":55}
tuple3 = tuple(dict1)          #将字典转换成元组
print(tuple3)
range1 = range(1,10)           #将区间转换成元组
tuple4 = tuple(range1)
print((tuple4))
print(tuple())
```

运行结果如下：

```
("h","e","l","l","o")
("Java","Python","C++","JavaScript")
("a","b","c")
(1, 2, 3, 4, 5, 6, 7, 8, 9)
()
```

2）访问元组元素

和列表一样，可以使用索引访问元组中的某个元素，也可以使用切片访问元组中的一组元素。使用索引访问元组元素的格式为：

```
tuplename[i]
```

其中，tuplename 表示元组名称，i 表示索引。元组的索引可以是正数，也可以是负数。

使用切片访问元组元素的格式为：

```
tuplename[start:end:step]
```

其中，start 表示起始索引，end 表示结束索引，step 表示步长，例如：

```
url1 =tuple("https://www.baidu.com")
#使用索引访问元组中的某个元素
print(url1[3])              #使用正索引并输出
print(url1[-3])             #使用正索引并输出
#使用切片访问元组中的一组元素
print(url1[3:11])           #使用正数切片并输出
print(url1[3:11:2])         #使用指定步长切片并输出
print(url1[-3:-1])          #使用负数切片并输出
```

运行结果如下：

```
p
c
("p","s",":","/","/","w","w","w")
("p",":","/","w")
("c","o")
```

3）修改元组

元组是不可变序列，元组中的元素不能被修改，所以只能创建一个新的元组去替代旧的元组。例如，对元组变量重新赋值：

```
tuple1 = (5,12,67,8,93,34)
print(tuple1)
tuple1 =("人工智能编程基础","https://www.baidu.com")
print(tuple1)
```

运行结果如下：

```
(5,12,67,8,93,34)
("人工智能编程基础","https://www.baidu.com")
```

另外，还可以通过连接多个元组（使用“+”可以连接元组）的方式向元组中添加新元素，例如：

```
tuple1 = (5,12,67,8,93,34)
tuple2 = ("Java","Python","C++","JavaScript")
```

```
print(tuple1)
print(tuple2)
print(tuple1+tuple2)
```

运行结果如下：

```
(5,12,67,8,93,34)
("Java","Python","C++","JavaScript")
(5,12,67,8,93,34,"Java","Python","C++","JavaScript")
```

使用“+”连接元组以后，tuple1 和 tuple2 的内容没有发生改变，这说明生成的是一个新的元组。

4）删除元组

当创建的元组不再使用时，可以通过 del 关键字将其删除，例如：

```
tuple1 =("人工智能编程基础","https://www.baidu.com")
print(tuple1)
del tuple1
print(tuple1)
```

运行结果如下：

```
("人工智能编程基础", "https://www.baidu.com")

Traceback (most recent call last):
    File "C:\Users\15904\PycharmProjects\chapter03\chapter03.py", line
220, in <module>
      print(tuple1)
NameError: name "tuple1" is not defined. Did you mean: "tuple2"?
```

Python 自带垃圾回收功能，会自动销毁不用的元组，所以一般不需要通过 del 来手动删除。

任务分析

视频

界面输出

根据任务描述，界面输出部分设计如下：

（1）主菜单：在 main() 主函数中使用 print() 函数输出并提示用户进行选择学生成绩管理、学生成绩统计分析和退出系统。使用 input() 函数接收用户的选择，使用 strip() 函数获取‘main>’字符串后的字符串，并使用 lower() 函数将字符串转换成小写字母。如果接收的字符串是‘info’，则调用 InfoProcess() 函数进入学生成绩管理子菜单；如果接收的字符串是‘score’，则调用 ScoreProcess() 函数进入学生成绩统计分析子菜单；如果接收的字符串是‘exit’，则结束学生成绩管理系统；如果接收到其他字符串，则提示“输入错误”；

（2）当用户选择学生成绩管理进入学生成绩管理子菜单：在 InfoProcess() 函数中使用 print() 函数输出并提示用户选择添加学生信息、删除学生信息、修改学生信息、显示学生信息和返回；使用 input() 函数接收用户的选择，使用 strip() 函数获取‘info>’字符串后的字符串，并使用 lower() 函数将字符串转换成小写字母。如果接收的字符串是‘show’，则调用 ShowInfo() 函数显示学生信息；如果接收的字符串是‘insert’，则调用 InsertInfo() 函数添加学生信息；如果接收的字符串是‘delete’，则调用 DeleteInfo() 函数删除学生信息；如果接收的字符串是‘update’，则调用 UpdateInfo() 函数修改学生信息；如果接收的字符串是‘return’，则返回主菜单；如果接收到其他字符串，则提示“输入错误”；

（3）当用户选择学生成绩统计分析进入学生成绩统计分析子菜单：在 ScoreProcess() 函数中使用 print() 函数输出并提示用户选择添加学生信息、删除学生信息、修改学生信息、显示学生信息和返回；使用 input() 函数接收用户的选择，使用 strip() 函数获取‘score>’字符串后的字符串，并使用 lower() 函数将字符串转换成小写字母；如果接收的字符串是‘avg’，则调用 ScoreAvg() 函数求课程平均分；如果接收的字符串是‘max’，则调用 ScoreMax() 函数求课程最高分；如果接收的字符串是‘min’，则调用 ScoreMin() 函数求课程最低分；如果接收的字符串是‘return’，则返回主菜单；如果接收到其他字符串，则提示“输入错误”。

任务实施

```
################################################################
#                          界面输出部分                          #
################################################################
def InfoProcess():
    #基本信息管理
    print(" 学生基本信息管理 ".center(20,"-"))
    print("insert-------- 添加学生信息 ")
    print("delete-------- 删除学生信息 ")
    print("update-------- 修改学生信息 ")
    print("show---------- 显示学生信息 ")
    print("return-------- 返回 ")
    print("-"*28)
    while True:
        s = input("info>").strip().lower()
        if s == "show":
            ShowInfo()
        elif s == "insert":
            InsertInfo()
        elif s == "delete":
            DeleteInfo()
        elif s == "update":
            UpdateInfo()
        elif s =="return":
            break
        else:
            print(" 输入错误 ")


def ScoreProcess():
    #学生成绩统计
    print(" 学生成绩统计 ".center(24,"="))
    print("avg    --------- 课程平均分 ")
    print("max    --------- 课程最高分 ")
    print("min    --------- 课程最低分 ")
    print("return --------- 返回 ")
    print("".center(30,"="))
```

```
    while True:
        s = input("score>").strip().lower()
        if s == "avg":
            ScoreAvg()
        elif s == "max":
            ScoreMax()
        elif s == "min":
            ScoreMin()
        elif s == "return":
            break
        else:
            print("输入错误")

# 定义主函数
def main():
    while True:
        print("学生成绩管理系统".center(24,"="))
        print("info  -------学生成绩管理")
        print("score -------学生成绩分析统计")
        print("exit  -------退出系统")
        print("".center(32,"="))
        s = input("main>").strip().lower()
        if s == "info":
            InfoProcess()
        elif s == "score":
            ScoreProcess()
        elif s == "exit":
            break
        else:
            print("输入错误")


if __name__=="__main__":
    main()
```

任务拓展

任意输入一串字符，按字符顺序输出各个字符出现的次数（要求使用列表完成次数统计），示例运行结果如下：

```
请输入一串字符：abcdefabdfjladfhabd
a : 4
b : 3
c : 1
d : 4
e : 1
f : 3
h : 1
j : 1
l : 1
```

（1）在 PyCharm 中，选择“文件”→“新建项目”命令，在弹出的对话框中将项目命名为“chapter03”，单击“创建”按钮，创建新项目。

（2）在 PyCharm 中，右击左侧列表中的项目名称 chapter03，在弹出的快捷菜单中选择“新建”→“Python 文件”命令，在弹出的对话框中将文件命名为“任务拓展 1.py”，按【Enter】键，进行代码编辑。

```
a = input("请输入一串字符：")
b = list(set(a))
b.sort()
cs = []
n = 0
for c in b:
    cs.append((c,a.count(c)))
    n = n + 1
for k,v in cs:
    print(k,":",v)
```

任务二　学生成绩管理

任务描述

设计成绩管理项目的学生成绩管理部分，可以完成以下功能，具体如图 3-5 所示：

```
========学生成绩管理系统========
info  -------学生成绩管理
score -------学生成绩分析统计
exit  -------退出系统
================================
main>info
------学生基本信息管理------
insert--------添加学生信息
delete--------删除学生信息
update--------修改学生信息
show----------显示学生信息
return--------返回
----------------------------
info>insert
请输入你要添加的学号：001
请输入学生姓名：学生1
请输入学生语文成绩：67
请输入学生数学成绩：78
请输入学生英语成绩：85
---添加信息成功---
info>insert
请输入你要添加的学号：002
请输入学生姓名：学生2
请输入学生语文成绩：89
请输入学生数学成绩：70
请输入学生英语成绩：65
---添加信息成功---
```

```
info>insert
请输入你要添加的学号：001
请输入学生姓名：学生1
请输入学生语文成绩：67
请输入学生数学成绩：78
请输入学生英语成绩：85
---添加信息成功---
info>insert
请输入你要添加的学号：002
请输入学生姓名：学生2
请输入学生语文成绩：89
请输入学生数学成绩：70
请输入学生英语成绩：65
---添加信息成功---
info>show
请输入你要查询的学号：001
学号： 001      姓名： 学生1      语文成绩： 67      数学成绩： 78      英语成绩： 85
info>show
请输入你要查询的学号：002
学号： 002      姓名： 学生2      语文成绩： 89      数学成绩： 70      英语成绩： 65
info>update
请输入你要修改的学号：002
请输入学生姓名：学生2
请输入学生语文成绩：67
请输入学生数学成绩：70
请输入学生英语成绩：65
---修改信息成功---
info>show
请输入你要查询的学号：002
学号： 002      姓名： 学生2      语文成绩： 67      数学成绩： 70      英语成绩： 65
info>delete
请输入你要删除的学号：001
---删除信息成功---
info>show
请输入你要查询的学号：001
---此学号不存在---
info>
```

图 3-5　成绩管理项目的学生成绩管理部分

（1）添加学生信息：提示用户输入学生学号，判断输入的学号字典中是否已经存在，存在则无法添加，不存在进行添加操作。提示用户输入学生姓名、学生语文成绩、学生数学成绩、学生英语成绩；

（2）删除学生信息：判断当前字典是否为真，为真才可进行删除，否则无信息，不可进行删除。然后提示用户输入要删除的学号，判断输入学号在不在字典里，若在，方可进行删除；

（3）修改学生信息：先判断当前字典是否为真，若为真，方可进行修改，否则没有信息，无法进行修改操作。然后提示用户输入要修改的学号，判断输入的学号是否存在，不存在，不能修改。如果存在，重新输入学生姓名、学生语文成绩、数学成绩、英语成绩进行修改；

（4）显示学生信息：首先判断当前字典是否为真，真则意味着字典内有值，可进行查询。提示用户输入要查询的学号，判断输入的学号在不在字典里，存在则输出学号所对应的学号、姓名、语文成绩、数学成绩、英语成绩。

相关知识

1. 字典概述

字典（dict）是一种无序、可变的类型，它的元素以“键值对”（key-value）的形式存储。字典是 Python 中唯一的映射类型。“映射”是数学术语，它指的是元素之间相互对应的关系，即通过一个元素，可以唯一找到另一个元素。在字典中，习惯将各元素对应的索引称为键（key），各个键对应的元素称为值（value），键及其对应的值称为“键值对”。字典不支持索引、切片、相加和相乘等操作。

字典的主要特征见表 3-3。

表 3-3 字典的主要特征

主要特征	解　释
字典是通过键来获取元素的	字典有时也称为关联数组或者哈希（hash）表。它通过键将一系列的值联系起来，这样就可以通过键从字典中获取指定项，但不能通过索引来获取
字典是任意数据类型的无序集合	列表和元组通常会将索引为 0 对应的元素称为第一个元素，而字典中的元素是无序的
字典是可变的，可以任意嵌套	字典可以在原处增长或者缩短（无须生成一个副本），支持任意深度的嵌套，即字典存储的值也可以是列表或其他字典
字典中的键是唯一的	在字典中，不支持同一个键出现多次的情况，否则只会保留最后一个键值对
字典中的键是不可变的	字典中每个键值对的键是不可变的，只能使用数字、字符串或者元组，不能使用列表或字典作为字典的键

在 Python 中，字典的数据类型为 dict，通过 type() 函数可查看。例如：

```
dict1 = {"one":1,"two":2,"three":3}
print(type(dict1))
```

运行结果如下：

```
<class "dict">
```

1）创建字典

创建字典的常用方法有以下三种。

（1）使用“{}”创建字典。由于字典中每个元素都包含两部分，即键和值，因此在创建字典时，键和值之间使用冒号分隔，相邻元素之间使用逗号分隔，所有元素放在花括号“{}”中。使用“{}”创建字典的语法格式如下：

```
dictname={"key1":value1,"key2":value2,...,"keyn":valuen}
```

其中，dictname 表示字典变量名，keyn:valuen 表示各个元素的键值对。例如：

```
scores = {"语文":78,"数学":67,"英语":82}    #使用字符串作为键
print(scores)
dict1 = {(20,30):"great",30:[1,2,3]}        #使用元组和整数作为键
print(dict1)
dict2 = dict()
print(dict2)
```

运行结果如下：

```
{"语文":78,"数学":67,"英语":82}
{(20,30):"great",30:[1, 2, 3]}
{}
```

可以看到，字典的键可以是整数、字符串或者元组，只要符合唯一和不可变的特性，字典的值可以是 Python 支持的任意数据类型。

（2）通过 fromkeys() 函数创建字典。在 Python 中，可以使用 dict 提供的 fromkeys() 函数创建带有默认值的字典，具体格式为：

```
dictname=dict.fromkeys(list,value=None)
```

其中，list 参数表示字典中所有键的列表；value 参数表示默认值，如果省略，则为空值 None。例如：

```
course = ["语文","数学","英语"]
scores = dict.fromkeys(course,70)
print(scores)
```

运行结果如下：

```
{"语文":70,"数学":70,"英语":70}
```

可以看到，course 列表中的元素全部作为 scores 字典的键，而各个键对应的值都是 70。这种创建方式通常用于初始化字典，设置默认值。

（3）通过 dict() 函数创建字典。通过 dict() 函数创建字典的格式有多种，下面罗列了常用的几种格式。

① 传入键值对，其中键为字符串类型。

```
dict1 = dict(str1=value1,str2=value2,str3=values)
```

str 表示字符串类型的键，value 表示键对应的值。使用此方式创建字典时，字符串不能带

引号。例如：

```
dict1 = dict(one=1,two=2,three=3)
print(dict1)
```

运行结果如下：

```
{"one": 1,"two": 2,"three": 3}
```

② 传入元组或列表。

```
demo = (("two",2),("one",1),("three",3))
dict1 = dict(demo)
print(dict1)
demo = (["two",2],["one",1],["three",3])
dict1 = dict(demo)
print(dict1)
demo = [("two",2),("one",1),("three",3)]
dict1 = dict(demo)
print(dict1)
demo = (["two",2],["one",1],["three",3])
dict1 = dict(demo)
print(dict1)
```

运行结果如下：

```
{"two": 2,"one": 1,"three": 3}
{"two": 2,"one": 1,"three": 3}
{"two": 2,"one": 1,"three": 3}
{"two": 2,"one": 1,"three": 3}
```

向 dict() 函数传入列表或元组，而它们中的元素又是各自包含 2 个元素的列表或元组，其中第一个元素作为键，第二个元素作为值。

③ 与 zip() 函数配合使用。

```
keys = ["one","two","three"]
values = [1,2,3]
dict1 = dict(zip(keys,values))
print(dict1)
```

运行结果如下：

```
{"one": 1,"two": 2,"three": 3}
```

通过 dict() 函数和 zip() 函数，可将两个列表转换为对应的字典。

注意，无论采用以上哪种方式创建字典，列表都不能作为键，因为列表是可变的。如果不为 dict() 函数传入任何参数，则代表创建一个空字典，例如：

```
dict2 = dict()  # 创建一个空字典
print(dict2)
```

运行结果如下：

```
{}
```

2）访问字典

字典通过键来访问其对应的值。因为字典中的元素是无序的，每个元素的位置都不固定，所以字典也不能像列表和元组那样，采用切片的方式一次性访问多个元素。Python 访问字典元素的具体格式为：

```
dictname[key]
```

dictname 表示字典变量名，key 表示键。注意，键必须是存在的，否则会发出异常。例如：

```
tuple1 =  (["one",1],["two",2],["three",3],["four",4])
dict1 = dict(tuple1)
print(dict1["one"])
print(dict1["five"])
```

运行结果如下：

```
1
Traceback (most recent call last):
  File "C:\Users\15904\PycharmProjects\chapter03\chapter03.py", line 
268, in <module>
    print(dict1["five"])
KeyError: "five"
```

除了上面这种方式外，Python 更推荐使用 dict 提供的 get() 函数来获取指定键对应的值。当指定的键不存在时，get() 函数不会返回异常。get() 函数的语法格式为：

```
dictname.get(key[,default])
```

其中，dictname 表示字典变量名，key 表示指定的键，default 用于指定要查询的键不存在时返回的默认值，如果不指定，会返回 None。get() 函数使用示例如下：

```
dict1 = dict(one=1,two=2,three=3)
print(dict1.get("one"))
```

运行结果如下：

```
1
```

注意，当键不存在时，get() 函数返回空值 None，如果想明确提示用户该键不存在，那么可以设置 get() 函数的第二个参数，例如：

```
dict1 = dict(one=1,two=2,three=3)
print(dict1.get("five","该键不存在"))
```

运行结果如下：

```
该键不存在
```

3）删除字典

和删除列表、元组一样，删除字典也可以使用 del 关键字，例如：

```
dict1 = dict(one=1,two=2,three=3)
print(dict1)
del dict1
print(dict1)
```

运行结果如下：

```
{"one": 1,"two": 2,"three": 3}
Traceback (most recent call last):
    File "C:\Users\15904\PycharmProjects\chapter03\chapter03.py", line
279, in <module>
      print(dict1)
NameError: name "dict1" is not defined. Did you mean: "dict2"?
```

2. 字典基本操作

字典常见的操作有向字典中添加键值对、修改字典中的键值对、从字典中删除指定的键值对、判断字典中是否存在指定的键值对等。

1）向字典中添加键值对

向字典中添加键值对很简单，直接给不存在的键赋值即可，具体语法格式如下：

```
dictname[key]=value
```

其中，dictname 表示字典名称，key 表示新的键，value 表示新的值，例如：

```
scores = {" 语文 ":78}    # 使用字符串作为键
print(scores)
scores[" 数学 "]=67       # 添加键值对
print(scores)
scores[" 英语 "]=82       # 添加键值对
print(scores)
```

运行结果为：

```
{" 语文 ": 78}
{" 语文 ": 78," 数学 ": 67}
{" 语文 ": 78," 数学 ": 67," 英语 ": 82}
```

2）修改字典中的键值对

Python 字典中键的名称不能修改，只能修改值。字典中各元素的键必须是唯一的，因此，如果新添加元素的键与已存在元素的键相同，那么此键所对应的值就会被新的值替换掉，以此达到修改元素值的目的。例如：

```
scores = {"语文":78,"数学":67,"英语":82}    #使用字符串作为键
print(scores)
scores["英语"]=90                            #修改键值对
print(scores)
```

运行结果如下：

```
{"语文": 78,"数学": 67,"英语": 82}
{"语文": 78,"数学": 67,"英语": 90}
```

可以看到，字典中没有添加"'英语'：90"键值对，而是对原有键值对"'英语'：82"中的值做了修改。

3）从字典中删除指定的键值对

如果要删除字典中的键值对，可以使用 del 关键字，例如：

```
scores = {"语文":78,"数学":67,"英语":82}    #使用字符串作为键
print(scores)
del scores["英语"]                           #使用del删除键值对
print(scores)
```

运行结果如下：

```
{"语文": 78,"数学": 67,"英语": 82}
{"语文": 78,"数学": 67}
```

4）判断字典中是否存在指定的键值对

如果要判断字典中是否存在指定的键值对，首先应判断字典中是否有对应的键，可以使用 in 或 not in 关键字。需要指出的是，对于字典而言，in 或 not in 关键字都是基于键来判断的。例如：

```
scores = {"语文":78,"数学":67,"英语":82}   #使用字符串作为键
print("数学" in scores)
print("物理" in scores)
```

运行结果如下：

```
True
False
```

3. 字典的常用函数

1）keys()、values() 和 items() 函数

keys()、values()、items() 函数都是用于获取字典中的特定数据；keys() 函数用于返回字典中的所有键；values() 函数用于返回字典中所有键对应的值；items() 函数用于返回字典中所有的键值对。

```
scores = {"语文":78,"数学":67,"英语":82}   #使用字符串作为键
print(scores.keys())
print(scores.values())
```

```
print(scores.items())
```

运行结果如下：

```
dict_keys([" 语文 "," 数学 "," 英语 "])
dict_values([78, 67, 82])
dict_items([(" 语文 ", 78), (" 数学 ", 67), (" 英语 ", 82)])
```

可以发现，keys()、values() 和 items() 返回值的类型分别为 dict_keys、dict_values 和 dict_items。在 Python3.x 中如果想使用这 3 个函数返回的数据，一般有下面两种方法。

（1）使用 list() 函数，将其返回的数据转换成列表，例如：

```
scores = {" 语文 ":78," 数学 ":67," 英语 ":82}   # 使用字符串作为键
course = list(scores.keys())
print(course)
```

运行结果如下：

```
[" 语文 "," 数学 "," 英语 "]
```

（2）使用 for 循环遍历这 3 个方法的返回值，例如：

```
scores = {" 语文 ":78," 数学 ":67," 英语 ":82}   # 使用字符串作为键
for k in scores.keys():
    print(k,end=" ")
print("\n-------------------------")
for v in scores.values():
    print(v,end=" ")
print("\n-------------------------")
for k,v in scores.items():
    print("key:",k,"value:",v)
print("\n-------------------------")
```

运行结果如下：

```
语文 数学 英语
-------------------------
78 67 82
-------------------------
key: 语文 value:78
key: 数学 value:67
key: 英语 value:82
-------------------------
```

2）copy() 函数

copy() 函数用于返回一个字典的副本，即返回一个具有相同键值对的新字典，例如：

```
scores = {" 语文 ":78," 数学 ":67," 英语 ":82}   # 使用字符串作为键
scores_backup = scores.copy()
print(" 原 scores:",scores)
```

```
print("scores 备份：",scores_backup)
```

运行结果如下：

```
原 scores: {"语文":78,"数学":67,"英语":82}
scores 备份： {"语文":78,"数学":67,"英语":82}
```

3）update() 函数

update() 函数可以使用一个字典所包含的键值对来更新已有的字典。在使用 update() 函数时，如果被更新的字典中已包含对应的键值对，那么原值会被覆盖；如果被更新的字典中不包含对应的键值对，则该键值对被添加进去。例如：

```
scores = {"语文":78,"数学":67,"英语":82}
print(scores)
scores.update({"语文":69,"物理":90})
print(scores)
```

运行结果如下：

```
{"语文":78,"数学":67,"英语":82}
{"语文":69,"数学":67,"英语":82,"物理":90}
```

从运行结果可以看出，由于被更新的字典中已包含键为“one”的键值对，因此更新时该键值对的值将被改写；被更新的字典中不包含键为“four”的键值对，所以更新时会为原字典增加一个新的键值对。

4）pop() 函数和 popitem() 函数

pop() 函数和 popitem() 函数都用来删除字典中的键值对，不同的是，pop() 函数用来删除指定的键值对，而 popitem() 函数用来随机删除一个键值对，它们的语法格式如下：

```
dictname.pop(key)
dictname.popitem()
```

其中，dictname 表示字典名称，key 表示键。例如：

```
scores = {"语文":78,"数学":67,"英语":82,"物理":90,"化学":54}
print(scores)
scores.pop("化学")
print(scores)
scores.popitem()
print(scores)
```

运行结果如下：

```
{"语文":78,"数学":67,"英语":82,"物理":90}
{"语文":78,"数学":67,"英语":82}
```

5）setdefault() 函数

setdefault() 函数用来返回某个键对应的值，其语法格式如下：

```
dictname.setdefault(key,defaultvalue)
```

其中，dictname 表示字典名称，key 表示键，defaultvalue 表示默认值（可以省略，省略的话表示 None）。当指定的键不存在时，setdefault() 函数会先为这个不存在的键设置一个默认的 defaultvalue，然后返回 defaultvalue。也就是说，setdefault() 函数总能返回指定键对应的值。例如：

```
scores = {"语文":78,"数学":67,"英语":82}
print(scores)
scores.setdefault("物理",90)
print(scores)
scores.setdefault("化学")
print(scores)
scores.setdefault("数学",80)
print(scores)
```

运行结果如下：

```
{"语文":78,"数学":67,"英语":82}
{"语文":78,"数学":67,"英语":82,"物理":90}
{"语文":78,"数学":67,"英语":82,"物理":90,"化学":None}
{"语文":78,"数学":67,"英语":82,"物理":90,"化学":None}
```

任务分析

视频

学生成绩管理

根据任务描述，学生成绩管理部分设计如下：

（1）添加学生信息：使用 input() 函数输入要添加的学号，然后判断输入的学号字典中是否已经存在，若已存在使用 print() 函数输出：此学号已存在，无法添加。不存在则进行添加操作，使用 input() 函数提示用户输入学生姓名、学生语文成绩、学生数学成绩和学生英语成绩，并添加信息至字典中。使用 print() 函数提示添加信息成功；

（2）删除学生信息：判断当前字典是否为真，为真才可进行删除，否则无信息，不可进行删除。使用 input() 函数输入要删除的学号，判断输入学号在不在字典里，若在，使用 del 删除输入学号所在的键值对，实现删除功能，否则使用 print() 函数提示此学号不存在；

（3）修改学生信息：先判断当前字典是否为真，若为真，方可进行修改，否则没有信息，无法进行修改操作。使用 input() 函数提示用户输入要修改的学号，判断输入的学号在不在字典里，不存在，不能修改，如果存在，使用 input() 函数重新输入学生姓名、语文成绩、数学成绩和英语成绩进行修改；

（4）显示学生信息：首先用 if 语句判断当前字典是否为真，真意味着字典内有值，可进行查询，使用 input() 函数提示输入要查询的学号，判断输入的学号是否存在于字典中，存在则使用 print() 函数输出学号所对应的学号、姓名、语文成绩、数学成绩和英语成绩等信息。

任务实施

```
# coding=utf-8
studic = {}        #定义一个空字典，用于存放学生信息
```

```
####################################################################
#                          学生成绩管理部分                          #
####################################################################
def ShowInfo():
    # 显示学生信息
    if studic:  # 首先用 if 语句判断当前字典是否为真，真意味着字典内有值，可进行查询
        num = input("请输入你要查询的学号：")
        if num not in studic:# 判断输入的学号字典中是否存在，存在则输出学号对应值
            print("--- 此学号不存在 ---")
        else:
            print("学号：",num,
                 "姓名：",studic[num]["姓名"],
                 "语文成绩：", studic[num]["语文成绩"],
                 "数学成绩：",studic[num]["数学成绩"],
                 "英语成绩：",studic[num]["英语成绩"])
def InsertInfo():
    # 进行学生信息添加功能
    num = input("请输入你要添加的学号：")
    if num in studic:# 判断输入的学号字典中是否存在，存在则无法添加，不存在进行添加
        print("--- 此学号已存在 ---")
    else:
        name = input("请输入学生姓名：")
        chinese = int(input("请输入学生语文成绩："))
        math = int(input("请输入学生数学成绩："))
        english = int(input("请输入学生英语成绩："))
        studic[num] = {"姓名":name,"语文成绩":chinese,
                       "数学成绩":math,"英语成绩":english}
        print("--- 添加信息成功 ---")
def DeleteInfo():
    # 进行学生信息删除功能
    if studic:  # 判断当前字典是否为真，为真才可进行删除，否则无信息，不可进行删除
        num = input("请输入你要删除的学号：")
        if num not in studic:     # 判断输入学号在不在字典里，若在，方可进行删除
            print("--- 此学号不存在 ---")
        else:
            del studic[num]        # 利用 del 删除输入学号所在的键值对，实现删除功能
            print("--- 删除信息成功 ---")
    else:
        print("--- 当前系统内没有学生信息，无法进行删除 ---")
def UpdateInfo():
    # 进行学生信息修改功能
    if studic:  # 先判断当前字典是否为真，若为真可修改，否则无法进行修改操作
        num = input("请输入你要修改的学号：")
        if num not in studic:     # 判断输入的学号，字典中是否存在，不存在不能修改
            print("--- 此学号不存在 ---")
        else:
            name = input("请输入学生姓名：")       # 对修改的具体信息进行输入
            chinese = int(input("请输入学生语文成绩："))
            math = int(input("请输入学生数学成绩："))
            english = input("请输入学生英语成绩：")
            studic[num] = {"姓名":name,"语文成绩":chinese,
```

```
                    "数学成绩":math,"英语成绩":english}
            print("---修改信息成功---")
    else:
        print("---当前系统内没有学生信息，无法进行修改---")
```

任务拓展

任意输入一组词语，输出各个词语及其出现的次数（要求使用字典完成次数统计），示例运行结果如下：

```
请输入一组词语（空格分隔）：the apple the pear apple 苹果 梨 香蕉 苹果 香蕉 苹果
the : 2
apple : 2
pear : 1
苹果 : 3
梨 : 1
香蕉 : 2
```

（1）在 PyCharm 中，选择“文件”→“新建项目”命令，在弹出的对话框中将项目命名为“chapter03”，单击“创建”按钮，创建新项目。

（2）在 PyCharm 中，右击左侧列表中的项目名称 chapter03，在弹出的快捷菜单中选择“新建”→“Python 文件”命令，在弹出的对话框中将文件命名为“任务拓展 2.py”，按【Enter】键，进行代码编辑。

```
a = input("请输入一组词语（空格分隔）：")
ds = a.split(" ")
cs = {}
for c in ds:
    cs[c] = cs.get(c,0) + 1
for k in cs:
    print(k,": ",cs[k])
```

任务三　学生成绩统计分析

任务描述

设计成绩管理项目的学生成绩统计分析部分，可以完成以下功能，具体如图 3-6 所示：

（1）求课程平均分：对语文成绩、数学成绩和英语成绩进行求和然后计算平均值；

（2）求课程最高分：计算语文成绩、数学成绩和英语成绩的最高分；

（3）求课程最低分：计算语文成绩、数学成绩和英语成绩的最低分。

```
======学生信息管理系统V1.0======
info  -------学生基本信息管理
score -------学生成绩统计
exit  -------退出系统
===============================
main>score
=========学生成绩统计=========
avg     --------课程平均分
max     --------课程最高分
min     --------课程最低分
return --------返回
=============================
score>avg
语文成绩平均分是:78.00
数学成绩平均分是:74.00
英语成绩平均分是:75.00
score>max
语文成绩最高分是:89
数学成绩最高分是:78
英语成绩最高分是:85
score>min
语文成绩最低分是:67
数学成绩最低分是:70
英语成绩最低分是:65
score>
```

图 3-6　成绩管理项目的学生成绩统计分析部分

相关知识

1. 函数的概念

从本质上来说，函数就是一段被封装起来的代码，可以被其他 Python 程序重用。如果不被主动调用，函数是不会运行的。如果其他程序要与被函数封装的代码交互，就会涉及数据交换。数据交换就是指数据的输入和输出，也就是外部代码需要将数据传给函数，而函数又要将内部的数据传给外部代码。为了完成这项工作，函数需要具备两类元素：参数和返回值。外部代码调用函数就像访问一样，需要为函数取个名字，即函数名。如果要用一句话定义 Python 函数，那么函数就是一个拥有名称、参数和返回值的代码块。

Python 安装包、标准库中的函数统称为内置函数，用户自己编写的函数称为自定义函数，不管是哪种函数，其定义和调用方式都是一样的。

Python 内置了一些可以实现特定功能的函数，这些函数无须重新定义就可直接使用，见表 3-4。

表 3-4　Python 内置函数

函　数	说　明
abs()	用于计算绝对值，其参数必须是数字类型
len()	用于返回序列对象（如字符串、列表、元组等）的长度
map()	根据提供的函数对指定的序列做映射
help()	用于返回函数或库的使用说明
ord()	用于返回 Unicode 字符对应的码值
chr()	与 ord() 功能相反，用于返回码值对应的 Unicode 字符
filter()	用于过滤序列，返回由符合条件的元素组成的新列表

1）abs() 函数

abs() 函数用于计算绝对值，其参数必须是数字类型。如果参数是一个复数，那么 abs() 函数返回的绝对值是此复数与它的共轭复数乘积的平方根。示例如下：

```
print(abs(-5))
print(abs(3.14))
print(abs(5+3j))
```

运行结果如下：

```
5
3.14
5.830951894845301
```

2）ord() 函数

ord() 函数用于返回字符在 Unicode 编码表中对应的码值，其参数为单个字符。示例如下：

```
print(ord("a"))
print(ord("A"))
```

运行结果如下：

```
97
65
```

3）chr() 函数

chr() 和 ord() 函数的功能相反，可根据码值返回相应的 Unicode 字符。chr() 函数的参数是一个整数，取值范围为 0~255。示例如下：

```
print(chr(97))
print(chr(65))
```

运行结果如下：

```
a
A
```

2. 函数的定义与调用

函数名、函数参数和返回值是函数的三个重要元素，其中函数名是必需的。如果函数只是简单地运行某段代码，不需要与外部交互，那么函数参数与返回值是可以省略的。

Python 定义函数使用 def 关键字，一般格式如下：

```
def 函数名(参数列表):
    ["函数文档字符串"]
    函数体
    return[语句]
```

定义说明如下：

- 函数代码块以 def 关键词开头，后接函数名和圆括号。
- 任何参数和自变量必须放在圆括号内，圆括号内可用于定义参数。
- 函数的第一行语句可以选择性地使用文档字符串，用于存放函数说明。

● 函数内容以冒号开始，之后换行并且使用缩进。

● return[语句] 用于结束函数，选择性地返回一个值给调用方，不带语句的 return 相当于返回 None。

1）无参函数的定义与调用

若函数的参数列表为空，表示该函数不需要从外部代码接收数据，那么这个函数称为无参函数。例如，按照一定的格式输出天气情况，定义函数如下：

```
def weather():
    print("*" * 30)
    print("日期：2月8日")
    print("温度：14~28 ℃")
    print("空气状况：良好")
    print("*" * 30)
```

定义好的函数直到被程序调用时才会运行，weather() 函数是无参、无返回值的函数。无参、无返回值函数的调用格式如下：

```
函数名 ()
```

调用 weather() 函数的代码为：

```
weather()
```

运行结果如下：

```
******************************
日期：2月8日
温度：14~28 ℃
空气状况：良好
******************************
```

如果需要将函数内部数据传给外部代码，就需要使用 return 语句返回值。例如，定义计算 1~500 所有整数之和的函数定义为：

```
def sum_1to500():
    sum = 0
    for i in range(1,501):
        sum = sum + i
    return sum
```

调用该函数，计算 1~500 的所有整数之和，定义变量接收返回值：

```
sum = sum_1to500()
print(sum)
```

运行结果如下：

```
125250
```

或者直接将返回值输出到控制台：

```
print(sum_1to500())
```

运行结果如下：

```
125250
```

2）有参函数的定义与调用

如果外部代码需要将数据传给函数，那么在定义函数时需要使用参数列表。由于 Python 是动态语言，函数参数与返回值都不需要事先指定数据类型。函数参数直接使用参数名即可，如果函数有多个参数，参数之间用逗号分隔。如果函数有返回值，使用 return 语句返回即可。retum 语句可以返回一个具体数值、一个变量、一个对象或另一个函数的返回值。如果函数没有返回值，可以省略 return 语句。

例如，按照一定的格式输出天气情况，天气信息需要从函数外部获取，该函数定义如下：

```
def modify_weather(today,temp,air_quality):
    print("*" * 30)
    print("日期：",today)
    print("温度：",temp,"℃")
    print("空气状况：",air_quality)
    print("*" * 30)
```

在调用有参函数时，需要传入实参列表，调用格式如下：

```
函数名（实参列表）
```

调用 modify_weather() 函数的代码为：

```
modify_weather("2月14日","15~30","优")
```

运行结果如下：

```
******************************
日期： 2月14日
温度： 15~30 ℃
空气状况： 优
******************************
```

若定义一个函数来计算某个区间的整数之和，此时需要两个参数，即该区间的起始值和终止值，同时需要将计算结果返回，代码如下：

```
def sum_All(start,end):
    sum = 0
    for i in range(start,end+1):
        sum = sum + i
    return sum
```

调用上述函数，计算 100~500 的所有整数之和，并定义变量接收该函数的返回值：

```
sum = sum_All(100,500)
print(sum)
```

运行结果如下：

```
120300
```

或者直接将返回值输出到控制台：

```
print(sum_All(100,500))
```

运行结果如下：

```
120300
```

3）函数的参数传递

函数的参数传递是指将实际参数传递给形式参数的过程。根据不同的传递形式，函数的参数可分为位置参数、关键字参数、默认参数、不定长参数。

（1）位置参数。位置参数是指在调用函数时，编译器会将函数的实际参数按照位置顺序依次传递给形式参数的参数，即将第一个实际参数传递给第一个形式参数，将第二个实际参数传递给第二个形式参数，依此类推。前面定义的函数，其参数类型均为位置参数。

定义一个计算某个数的 n 次幂的函数 power()，具体代码如下：

```
def power(num,n):
    s = 1
    while n>0:
        n = n - 1
        s = s * num
    return s
```

用以下代码调用 power() 函数，计算 6 的 2 次幂的值：

```
result = power(6,2)
print(result)
```

运行结果如下：

```
36
```

上述代码调用 power() 函数时，传入实际参数 6 和 2。根据实际参数和形式参数的位置关系，6 被传递给形式参数 num，2 被传递给形式参数 n。

（2）关键字参数。使用位置参数传递参数值时，如果函数中存在多个参数，记住每个参数的位置及其含义并不是一件容易的事情，此时可以使用关键字参数进行传递。关键字参数和函数调用关系紧密，关键字参数传递通过“形式参数 = 实际参数”的格式，将实际参数与形式参数相关联，根据形式参数的名称进行参数传递。

用关键字参数调用 power() 函数的代码如下：

```
result = power(num=6,n=2)
```

或者：

```
result = power(n=2,num=6)
```

使用关键字参数，允许函数调用时参数的顺序与声明时不一致，因为 Python 解释器能够用参数名匹配参数值。

（3）默认参数。定义函数时，可以指定形式参数的默认值。调用函数时，若没有给带有默认值的形式参数传值，则直接使用该参数的默认值。若给带有默认值的形式参数传值，则实际参数的值会覆盖默认值。

当函数有多个参数时，把变化大的参数放前面，变化小的参数放后面。变化小的参数就可以作为默认参数。使用默认参数最大的好处是能降低调用函数的难度。

举个例子，假如需要写一个一年级小学生信息注册的函数，注册信息包括姓名、性别、年龄、所在城市。可以发现对于一个学校的一年级学生来说，学生所在城市和年龄基本一致，可以将其设置成默认值，在调用时可以只传入 name 和 gender 两个参数，代码如下：

```
def enroll(name,gender,age=6,city="北京"):
    print("name:",name)
    print("gender:",gender)
    print("age:",age)
    print("city:",city)
```

调用函数：

```
enroll("Sarah","F")
enroll("Bob","M",7)
enroll("Peter","M",city="上海")
```

运行结果如下：

```
name: Sarah
gender: F
age: 6
city: 北京
name: Bob
gender: M
age: 7
city: 北京
name: Peter
gender: M
age: 6
city: 上海
```

可见，默认参数降低了函数调用的难度，而一旦需要更复杂的调用时，又可以传递更多的参数。调用有多个默认参数的函数时，既可以按顺序提供默认参数，也可以不按顺序提供部分默认参数。当不按顺序提供部分默认参数时，需要把参数名写上。

（4）不定长参数。若要传入函数中的参数个数不确定，可以使用不定长参数。不定长参数也称为可变参数。这种参数接收参数量可以任意改变，包含可变参数的函数语法格式如下：

```
def 函数名([formal_args,] *args,**kwargs):
    [" 函数文档字符串 "]
    函数体
    return[ 语句 ]
```

以上语法格式中 *args 和 **kwargs 都是不定长参数，它们可搭配使用，也可单独使用。

不定长参数 *args 用于接收不定数量的位置参数，调用函数时传入的所有参数被 *args 接收后以元组形式保存。定义一个包含参数 *args 的函数，用于显示用户信息，代码如下：

```
def showInfo(name,*otherInfo):
    print(name)
    print(otherInfo)
```

调用以上函数，传入多个参数，具体代码如下：

```
showInfo("Joe",37,"male","12345678910"," 杭州 ")
```

运行结果如下：

```
Joe
(37,"male","12345678910"," 杭州 ")
```

可以看出，除了第一个传入的参数值对应固定参数 name，其余的传入参数值均放在一个元组中。

不定长参数 **kwargs 用于接收不定数量的关键字参数，调用函数时传入的所有参数被 **kwargs 接收后以字典形式保存。

修改函数 showlnfo()，在参数列表中使用不定长参数 **kwargs，代码如下：

```
def showInfo(name,**otherInfo):
    print(name)
    print(otherInfo)
```

调用以上函数，传入多个参数，具体代码如下：

```
showInfo("Joe",age=37,gender="male",phone="12345678910",city=" 杭州 ")
```

运行结果如下：

```
Joe
{"age": 37,"gender":"male","phone":"12345678910","city":" 杭州 "}
```

可以看出，在调用函数时，除了第一个传入的参数值对应固定参数 name 外，其余的参数以“形式参数 = 实际参数”的格式传入，并且放在一个字典中。

3. 变量的作用域

所谓变量的作用域，是指变量的有效范围，也就是变量可以在哪个范围以内使用。有些变量可以在整段代码的任意位置使用，有些变量只能在函数内部使用，有些变量只能在 for 循环内部使用。变量的作用域由变量定义的位置决定，在不同位置定义的变量，其作用域是不同的。Python 中的变量分为局部变量与全局变量。

1）局部变量

在函数内部定义的变量，其作用域仅限于函数内部，函数外不能使用，这样的变量称为局部变量。当调用函数时，Python 会为其分配一块临时的内存空间，所有在函数内部定义的变量，都会存储在这块空间中。而在函数运行完毕后，这块临时内存空间会被释放并回收，该空间中存储的变量自然也就无法使用。例如：

```
def demo():
    add = "人工智能编程基础"
    print("函数内部 add = ",add)
demo()
print("函数外部 add = ", add)
```

运行结果如下：

```
函数内部 add =  人工智能编程基础
Traceback (most recent call last):
  File "C:\Users\15904\PycharmProjects\chapter03\chapter03.py", line 
433, in <module>
    print("函数外部 add = ", add)
    NameError: name "add" is not defined
```

可以看到，如果试图在函数外部访问其内部定义的变量，Python 解释器会提示 NameError，并提示没有定义要访问的变量，这也证实了当函数运行完毕后，其内部定义的变量所在内存空间会被释放并回收。值得一提的是，函数参数也属于局部变量，只能在函数内部使用。例如：

```
def demo(name,add):
    print("函数内部 name = ", name)
    print("函数内部 add = ",add)
demo("人工智能编程基础","https://www.baidu.com")
print("函数外部 name = ", name)
print("函数外部 add = ", add)
```

运行结果如下：

```
函数内部 name =  人工智能编程基础
函数内部 add =  https://www.baidu.com
Traceback (most recent call last):
  File "C:\Users\15904\PycharmProjects\chapter03\chapter03.py", line 
433, in <module>
    print("函数外部 name = ", name)
NameError: name "name" is not defined. Did you mean: "name1"?
```

由于 Python 解释器是逐行运行代码的，因此这里仅提示 name 没有定义，实际上，在函数外部访问 add 变量也会报同样的错误。

2）全局变量

除了在函数内部定义变量，Python 还允许在所有函数的外部定义变量，这样的变量称为全局变量。和局部变量不同，全局变量的默认作用域是整个程序，即全局变量既可以在各函数的外部使用，也可以在各函数的内部使用。

定义全局变量的方式有以下 2 种。

（1）在函数体外定义的变量，一定是全局变量。例如：

```
add = "https://www.baidu.com"
def demo():
    print("函数内部 add = ",add)
demo()
print("函数外部 add = ", add)
```

运行结果如下：

```
函数内部 add =  https://www.baidu.com
函数外部 add =  https://www.baidu.com
```

（2）在函数体内定义全局变量，使用 global 关键字对变量进行修饰后，该变量就会变为全局变量。例如：

```
def demo():
    global add
    add = "https://www.baidu.com"
    print("函数内部 add = ",add)
demo()
print("函数外部 add = ", add)
```

运行结果如下：

```
函数内部 add =  https://www.baidu.com
函数外部 add =  https://www.baidu.com
```

在使用全局变量时需要注意，函数中只能访问全局变量，但不能修改全局变量。若要在函数内部修改全局变量，需先在函数内使用关键字 global 进行声明。例如：

```
add = "https://www.baidu.com"
def demo():
    add = "https://www.chaoxing.com"
    print("函数内部 add = ",add)
demo()
print("函数外部 add = ", add)
```

运行结果如下：

```
函数内部 add =  https://www.chaoxing.com
函数外部 add =  https://www.baidu.com
```

调用函数修改 count 变量的值，但全局变量 count 的值仍然是 10。此时，函数 use_var() 内部的 count 变量实际为局部变量。需做如下修改：

```
add = "https://www.baidu.com"
def demo():
    global add
    add = "https://www.chaoxing.com"
    print("函数内部 add = ",add)
demo()
print("函数外部 add = ", add)
```

运行结果如下：

```
函数内部 add =  https://www.chaoxing.com
函数外部 add =  https://www.chaoxing.com
```

此时，全局变量的值变为 0，在使用 global 关键字修饰变量名时，不能直接给变量赋初始值，否则会出现语法错误。

4. 匿名函数与递归函数

1）匿名函数

匿名函数是无须用函数名标识的函数，它的函数体只能是单个表达式。Python 中使用关键字 lambda 定义匿名函数。其格式为：

```
lambda[arg1[,arg2,...,argn]]: expression
```

其中，[argl[，arg2，…，argn]] 表示匿名函数的参数，expression 表示一个表达式。普通函数与匿名函数的区别见表 3-5。

表 3-5　普通函数与匿名函数的区别

普通函数	匿名函数
需要使用函数名进行标识	无须使用函数名进行标识
函数体中可以有多条语句	函数体只能是一个表达式
可以实现比较复杂的功能	只能实现比较单一的功能
可以被其他程序使用	不能被其他程序使用

为了方便使用匿名函数，应使用变量记录这个函数，在调用变量时传入参数值。例如：

```
area = lambda a,h:(a*h)*0.5
print(area(3,4))
```

运行结果为：

```
6.0
```

上述代码包含两个参数 a 和 h，函数实现的功能为（a*h）*0.5，运行结果为 6。

2）递归函数

通过前面的学习，可知在函数内部可以调用其他函数。如果一个函数在内部调用了本身，这个函数就是递归函数。它通常把一个大型的复杂问题层层转化为一个与原问题相似，但规模较小的问题进行求解。递归函数只需少量代码就可实现解题过程所需要的多次重复计算，这大大减少了代码量。举个例子，来计算阶乘 n!=1×2×3×⋯×n，用函数 fact(n) 表示，可以看出，fact(n)=n!=l*2*3*⋯*(n−1)*n=(n−1)!*n=fact(n−1)*n。所以，fact(n) 可以表示为 n*fact(n−1)，只有 n=1 时需要特殊处理。于是，fact(n) 用递归的方式写出来就是：

```
def fact(n):
    print("====>fact(",n,")")
    if n == 1:
        return 1
    print("====>", n," * ","fact(",(n-1),")")
    return n * fact(n-1)
print(fact(5))
```

上面就是一个递归函数，通过调用该函数可以求 5!、7! 等。以调用 fact() 递归函数计算 5! 为例，可以根据函数定义得到如下计算过程：

```
====>fact( 5 )
====> 5  *  fact( 4 )
====>fact( 4 )
====> 4  *  fact( 3 )
====>fact( 3 )
====> 3  *  fact( 2 )
====>fact( 2 )
====> 2  *  fact( 1 )
====>fact( 1 )
120
====>fact( 7 )
====> 7  *  fact( 6 )
====>fact( 6 )
====> 6  *  fact( 5 )
====>fact( 5 )
====> 5  *  fact( 4 )
====>fact( 4 )
====> 4  *  fact( 3 )
====>fact( 3 )
====> 3  *  fact( 2 )
====>fact( 2 )
====> 2  *  fact( 1 )
====>fact( 1 )
5040
```

调用递归函数时，需要确定两点：一是递归公式，二是边界条件。递归公式是递归求解过程中的归纳项，用于处理原问题以及与原问题规律相同的子问题，即 n*fact（n−1）。边界条件即终止条件，用于终止递归，即 n=1。

递归函数的优点是定义简单、逻辑清晰。理论上，所有的递归函数都可以写成循环的方式，但循环的逻辑不如递归清晰。

任务分析

根据任务描述，学生成绩统计分析部分设计如下：

视 频

学生成绩统计分析

（1）求课程平均分：查询字典长度，如果字典长度大于0，说明有学生成绩，求每一项的语文成绩的和，并除以字典长度，从而求得语文成绩的平均分。同样，求每一项的数学成绩的和，并除以字典长度，从而求得数学成绩的平均分；求每一项的英语成绩的和，并除以字典长度，从而求得英语成绩的平均分。

（2）求课程最高分：查询字典长度，如果字典长度大于0，说明有学生成绩，求每一项的语文成绩的最大值。同样，求每一项的数学成绩和英语成绩的最大值。

（3）求课程最低分：查询字典长度，如果字典长度大于0，说明有学生成绩，求每一项的语文成绩的最小值。同样，求每一项的数学成绩和英语成绩的最小值。

任务实施

```
################################################################
#                      学生信息统计部分                          #
################################################################
def ScoreMin():
    # 求课程最低分
    if len(studic) > 0:
        chinese_min = min([studic[num]["语文成绩"] for num in studic])
        math_min = min([studic[num]["数学成绩"] for num in studic])
        english_min = min([studic[num]["英语成绩"] for num in studic])
        print("语文成绩最低分是:%d" % chinese_min)
        print("数学成绩最低分是:%d" % math_min)
        print("英语成绩最低分是:%d" % english_min)
    else:
        print("尚无学生成绩...")
def ScoreAvg():
    # 求课程平均分
    length = len(studic)
    if length > 0:
        chinese_avg = sum([studic[num]["语文成绩"] for num in studic]) / length
        math_avg = sum([studic[num]["数学成绩"] for num in studic]) / length
        english_avg = sum([studic[num]["英语成绩"] for num in studic]) / length
        print("语文成绩平均分是:%.2f" % chinese_avg)
        print("数学成绩平均分是:%.2f" % math_avg)
        print("英语成绩平均分是:%.2f" % english_avg)
    else:
        print("尚无学生成绩...")
def ScoreMax():
    # 求课程最高分
    if len(studic) > 0:
        chinese_max = max([studic.get(num)["语文成绩"] for num in studic])
        math_max = max([studic[num]["数学成绩"] for num in studic])
        english_max = max([studic[num]["英语成绩"] for num in studic])
        print("语文成绩最高分是:%d" % chinese_max)
        print("数学成绩最高分是:%d" % math_max)
```

```
        print("英语成绩最高分是:%d" % english_max)
    else:
        print("尚无学生成绩...")
```

任务拓展

汉诺塔（又称河内塔）是源于印度的一个古老传说的益智玩具。有三根金刚石柱子，一根柱子从下往上按照从大到小的顺序摞着 64 片黄金圆盘。现要将圆盘移动到另一根柱子，并且规定：小圆盘只能放在大圆盘之上，三根柱子之间每次只能移动一个圆盘。

编写一个程序模拟解决汉诺塔问题。从键盘输入 n，用小写字母 a、b、c 等表示圆盘，用大写字母 A、B、C 表示柱子，输出盘子的移动顺序。

（1）在 PyCharm 中，选择“文件”→“新建项目”命令，在弹出的对话框中将项目命名为“chapter03”，单击“创建”按钮，创建新项目。

（2）在 PyCharm 中，右击左侧列表中的项目名称 chapter03，在弹出的快捷菜单中选择“新建”→“Python 文件”命令，在弹出的对话框中将文件命名为“任务拓展 3.py”，按【Enter】键，进行代码编辑。

方法一：

```
def hanoi(n, a, b, c):
    if n > 0:
        hanoi(n-1, a, c, b)                      # 将 n-1 个盘子从 a 移动到 b
        print(f"Move disk from {a} to {c}")      # 移动编号最大的盘子从 a 到 c
        hanoi(n-1, b, a, c)                      # 再将 n-1 个盘子从 b 移动到 c

# 使用函数
n = int(input("请输入盘子数: "))
hanoi(n, "A", "B", "C")                          # 执行汉诺塔移动
```

运行结果如下：

```
请输入盘子数: 3
Move disk from A to C
Move disk from A to B
Move disk from C to B
Move disk from A to C
Move disk from B to A
Move disk from B to C
Move disk from A to C
```

方法二：

```
def move(m, A, C):
    """将编号为 m 的圆盘从柱子 A 移动到柱子 C"""
    print(f"移动{m}号圆盘，{A} ---> {C}")

def hanoi(n, A, B, C):
    """将 n 个圆盘从柱子 A 借助柱子 B 移动到柱子 C"""
    if n == 1:
```

```
        # 将圆盘从柱子 A 移动到柱子 C
        move(1, A, C)
    else:
        # 将柱子 A 上面编号为 1 至 n-1 的圆盘从柱子 A 借助柱子 C 移动到柱子 B
        hanoi(n - 1, A, C, B)
        # 将柱子 A 最下面编号为 n 的圆盘从柱子 A 移动到柱子 C
        move(n, A, C)
        # 将柱子 B 的 n-1 个圆盘从柱子 B 借助柱子 A 移动到柱子 C
        hanoi(n - 1, B, A, C)

print("")
n = int(input("请输入盘子数："))
hanoi(n, "A", "B", "C")
```

运行结果如下：

```
请输入盘子数：3
移动 1 号圆盘，A--->C
移动 2 号圆盘，A--->B
移动 1 号圆盘，C--->B
移动 3 号圆盘，A--->C
移动 1 号圆盘，B--->A
移动 2 号圆盘，B--->C
移动 1 号圆盘，A--->C
```

方法三：

```
def Hanoi(n, current, transit, target):
    if n == 1:
        print(current, "-->", target)
    else:
        Hanoi(n - 1, current, target, transit)
        print(current, "-->", target)
        Hanoi(n - 1, transit, current, target)

num = int(input("输入汉诺塔的层数："))
Hanoi(num, "A", "B", "C")
```

运行结果如下：

```
输入汉诺塔的层数：3
A-->C
A-->B
C-->B
A-->C
B-->A
B-->C
A-->C
```

项目总结

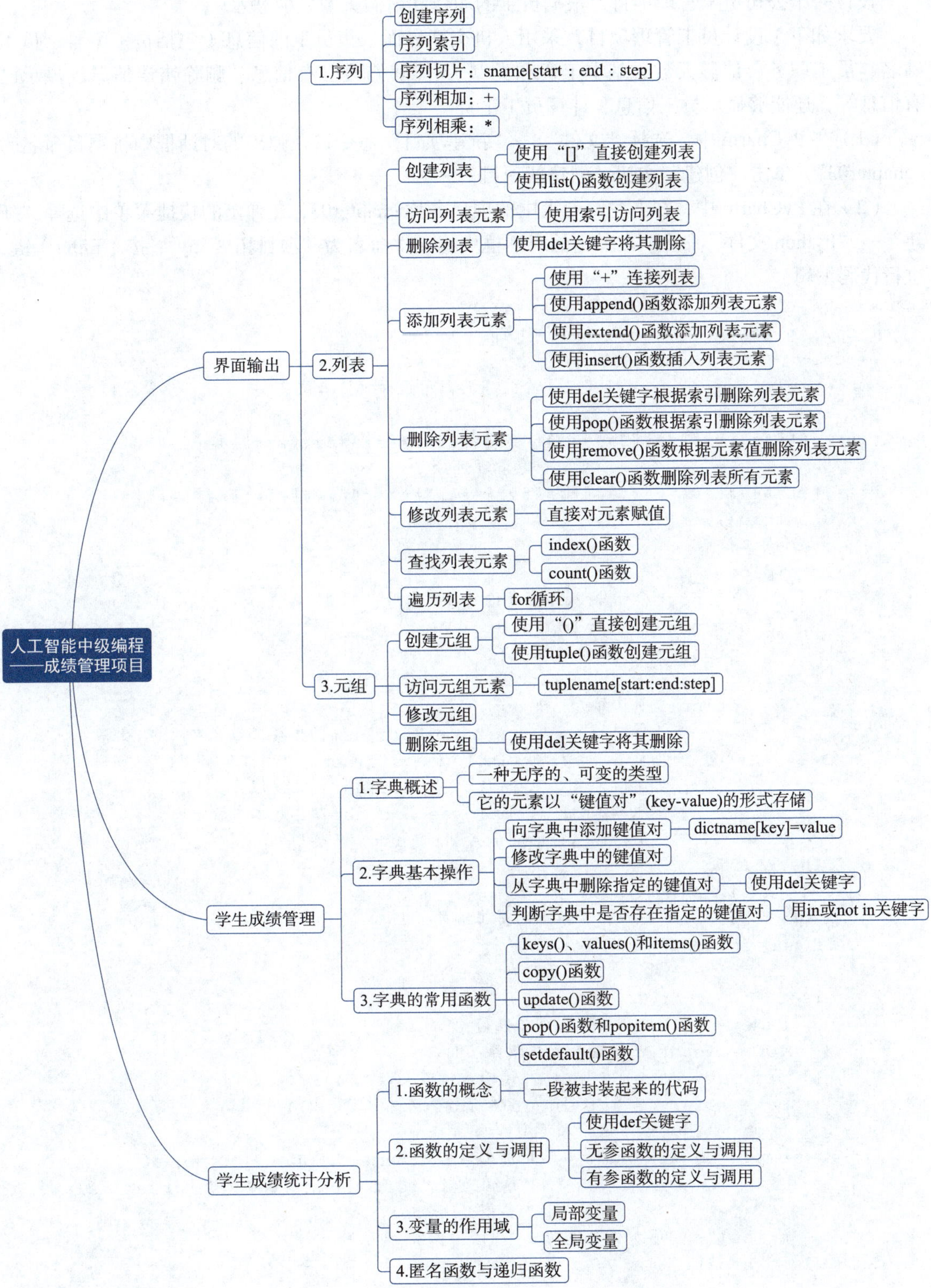
人工智能中级编程——成绩管理项目
界面输出
1.序列
创建序列
序列索引
序列切片：sname[start : end : step]
序列相加：+
序列相乘：*
2.列表
创建列表
使用“[]”直接创建列表
使用list()函数创建列表
访问列表元素
使用索引访问列表
删除列表
使用del关键字将其删除
添加列表元素
使用“+”连接列表
使用append()函数添加列表元素
使用extend()函数添加列表元素
使用insert()函数插入列表元素
删除列表元素
使用del关键字根据索引删除列表元素
使用pop()函数根据索引删除列表元素
使用remove()函数根据元素值删除列表元素
使用clear()函数删除列表所有元素
修改列表元素
直接对元素赋值
查找列表元素
index()函数
count()函数
遍历列表
for循环
3.元组
创建元组
使用“()”直接创建元组
使用tuple()函数创建元组
访问元组元素
tuplename[start:end:step]
修改元组
删除元组
使用del关键字将其删除
学生成绩管理
1.字典概述
一种无序的、可变的类型
它的元素以“键值对”(key-value)的形式存储
2.字典基本操作
向字典中添加键值对
dictname[key]=value
修改字典中的键值对
从字典中删除指定的键值对
使用del关键字
判断字典中是否存在指定的键值对
用in或not in关键字
3.字典的常用函数
keys()、values()和items()函数
copy()函数
update()函数
pop()函数和popitem()函数
setdefault()函数
学生成绩统计分析
1.函数的概念
一段被封装起来的代码
2.函数的定义与调用
使用def关键字
无参函数的定义与调用
有参函数的定义与调用
3.变量的作用域
局部变量
全局变量
4.匿名函数与递归函数

项目拓展

设计一个公司员工管理项目，根据员工的职位和请假天数发放薪水。

要求如下：设计员工管理项目，采用人机交互界面采集员工的信息（包括员工编号、员工姓名、员工职务、请假天数、基本工资和类型），能够修改已有信息、删除错误信息、显示已有信息等，还能够显示员工信息、计算员工工资。

（1）在 PyCharm 中，选择“文件”→“新建项目”命令，在弹出的对话框中将项目命名为“chapter03”，单击“创建”按钮，创建新项目。

（2）在 PyCharm 中，右击左侧列表中的项目名称 chapter03，在弹出的快捷菜单中选择“新建”→“Python 文件”命令，在弹出的对话框中将文件命名为“项目拓展 .py”，按【Enter】键，进行代码编辑。

```
# coding=utf-8
## 定义一个字典，用来存放员工信息
employee_dic = {}      # 定义一个空字典，用于存放员工信息

#################################################################
#                        员工信息管理部分                        #
#################################################################
def ShowInfo():
    # 显示员工信息
    if employee_dic:
        num = input("请输入你要查询的员工编号：")
        if num not in employee_dic:
            print("--- 此员工编号不存在 ---")
        else:
            print("员工编号：",num,
                  "员工姓名：",employee_dic[num]["员工姓名"],
                  "员工职务：", employee_dic[num]["员工职务"],
                  "请假天数：",employee_dic[num]["请假天数"],
                  "基本工资：",employee_dic[num]["基本工资"],
                  "类型：",employee_dic[num]["类型"])
def InsertInfo():
    # 进行员工信息添加
    num = input("请输入你要添加的员工编号：")
    if num in employee_dic:
        print("--- 此员工编号已存在 ---")
    else:
        name = input("请输入员工姓名：")
        job = input("请输入员工职务：")
        off_days = int(input("请输入请假天数："))
        base_salary = int(input("请输入基本工资："))
        type = input("请输入类型：")
        employee_dic[num] = {"员工姓名":name,"员工职务":job,
                             "请假天数":off_days,"基本工资":base_salary,
                             "类型":type}
        print("--- 添加信息成功 ---")
def DeleteInfo():
```

```
    #进行员工信息删除
    if employee_dic:
        num = input("请输入你要删除的员工编号：")
        if num not in employee_dic:
            print("--- 此员工编号不存在 ---")
        else:
            del employee_dic[num]
            print("--- 删除信息成功 ---")
    else:
        print("--- 当前系统内没有此员工信息，无法进行删除 ---")

def UpdateInfo():
    #进行员工信息修改
    if employee_dic:
        num = input("请输入你要修改的员工编号：")
        if num not in employee_dic:
            print("--- 此员工编号不存在 ---")
        else:
            name = input("请输入员工姓名：")
            job = input("请输入员工职务：")
            off_days = int(input("请输入请假天数："))
            base_salary = int(input("请输入基本工资："))
            type = input("请输入类型：")
            employee_dic[num] = {"员工姓名": name, "员工职务": job,
                                 "请假天数": off_days,
                                 "基本工资": base_salary,
                                 "类型": type}
            print("--- 修改信息成功 ---")
    else:
        print("--- 当前系统内没有此员工信息，无法进行修改 ---")

################################################################
#                     员工工资统计分析部分                     #
################################################################
def getsalary():
    if employee_dic:
        num = input("请输入你要修改的员工编号：")
        if num not in employee_dic:
            print("--- 此员工编号不存在 ---")
        else:
            if employee_dic[num]["类型"] == "普通员工":
                salary = float(employee_dic[num]["基本工资"])*1.6+200
            elif employee_dic[num]["类型"] == "经理":
                salary = float(employee_dic[num]["基本工资"])*1.7+500
            elif employee_dic[num]["类型"] == "董事":
                salary = float(employee_dic[num]["基本工资"])*1.38+5000
            elif employee_dic[num]["类型"] == "其他":
                salary = float(employee_dic[num]["基本工资"]) -
                        (employee_dic[num]["基本工资"] // 21
                       * employee_dic[num]["请假天数"])
            print("--- 工资计算成功 ---")
```

```
            print("员工编号"+num+"工资是: "+str(salary))
    else:
        print("--- 当前系统内没有此员工信息，无法进行修改 ---")

#################################################################
#                        界面输出部分                             #
#################################################################
def InfoProcess():
    #基本信息管理
    print("员工信息管理".center(20,"-"))
    print("insert--------添加员工信息")
    print("delete--------删除员工信息")
    print("update--------修改员工信息")
    print("show----------显示员工信息")
    print("return--------返回")
    print("-"*28)
    while True:
        s = input("info>").strip().lower()
        if s == "show":
            ShowInfo()
        elif s == "insert":
            InsertInfo()
        elif s == "delete":
            DeleteInfo()
        elif s == "update":
            UpdateInfo()
        elif s =="return":
            break
        else:
            print("输入错误")

#定义主函数
def main():
    while True:
        print("")
        print("")
        print("员工管理系统".center(24,"="))
        print("info   -------员工信息管理")
        print("salary -------员工工资统计")
        print("exit   -------退出系统")
        print("".center(32,"="))
        s = input("main>").strip().lower()
        if s == "info":
            InfoProcess()
        elif s == "salary":
            getsalary()
        elif s == "exit":
            break
        else:
            print("输入错误")
```

```
if _ _name_ _=="_ _main_ _":
    main()
```

运行结果如图 3-7 所示：

```
=========员工管理系统=========
info   --------员工信息管理
salary --------员工工资统计
exit   --------退出系统
==================================
main>info
--------员工信息管理--------
insert---------添加员工信息
delete---------删除员工信息
update---------修改员工信息
show-----------显示员工信息
return---------返回
------------------------------
info>insert
请输入你要添加的员工编号：001
请输入 员工姓名：员工1
请输 入员工职务：客服
请输入 请假天数：2
请输入 基本工资：3500
请输入 类型：普通员工
---添加信息成功---
info>insert
请输入你要添加的员工编号：002
请输入 员工姓名：员工2
请输 入员工职务：运营经理
请输入 请假天数：1
请输入 基本工资：6500
请输入 类型：经理
---添加信息成功---
info>show
请输入你要查询的员工编号：001
    员工编号： 001      员工姓名： 员工1      员工职务： 客服      请假天数： 2      基本工资： 3500      类型： 普通员工
info>show
请输入你要查询的员工编号：002
    员工编号： 002      员工姓名： 员工2      员工职务： 运营经理      请假天数： 1      基本工资： 6500      类型： 经理
info>delete
请输入你要删除的员工编号：002
---删除信息成功---
info>show
请输入你要查询的员工编号：002
---此员工编号不存在---
info>update
请输入你要修改的员工编号：002
---此员工编号不存在---
info>update
请输入你要修改的员工编号：001
请输入 员工姓名：员工1
请输 入员工职务市场经理
请输入 请假天数：3
请输入 基本工资：7000
请输入 类型：经理
---修改信息成功---
info>show
请输入你要查询的员工编号：001
    员工编号： 001      员工姓名： 员工1      员工职务： 市场经理      请假天数： 3      基本工资： 7000      类型： 经理
info>return


=========员工管理系统=========
info   --------员工信息管理
salary --------员工工资统计
exit   --------退出系统
==================================
main>salary
请输入你要修改的员工编号：001
----工资计算成功----
员工编号001工资是：5800.0
```

图 3-7　公司员工管理项目运行结果图

项目四

人工智能高级编程——员工管理项目

学习目标

◎知识目标

1. 掌握类的定义方法
2. 掌握类的创建和使用方法
3. 掌握类的成员访问方法
4. 掌握类的构造方法和析构方法的使用
5. 掌握对象方法、类方法、静态方法的区别与使用
6. 掌握单继承和多继承的使用方法
7. 掌握多态的概念和使用方法

◎能力目标

1. 能够根据需求设计类和创建对象
2. 能够合理设置类成员的访问限制
3. 能够正确使用构造方法和析构方法
4. 能够正确选择合适的属性和方法
5. 能够正确使用单继承和多继承
6. 能够正确使用多态

◎素质目标

1. 具有自主学习、认真钻研、精益求精的工作态度
2. 具有创新能力，具体问题具体分析和解决的能力
3. 具有良好的编码规范和职业素养

项目导入

设计员工管理项目，采用人机交互界面，采集员工的信息（包括员工编号、员工姓名、员工职务、请假天数、基本工资和类型），能够修改已有信息、删除错误信息、显示已有信息等，还能够显示员工信息、计算员工工资、导入已有员工信息文件和保存，主要完成以下两个子任务，具体见表4-1。

表 4-1 员工管理项目的任务清单

项目名称	任务名称	任务功能
员工管理项目	员工信息的增加、删除与修改	输出员工管理界面，提示用户进行选择；增加相关员工的信息；删除已有员工的信息；显示已有员工的信息
	员工信息的显示和导入导出	输出指定员工编号的信息，导入指定的员工信息文件，将员工信息导出到指定文件

其中，每个子任务所对应知识点思维导图如图4-1所示。

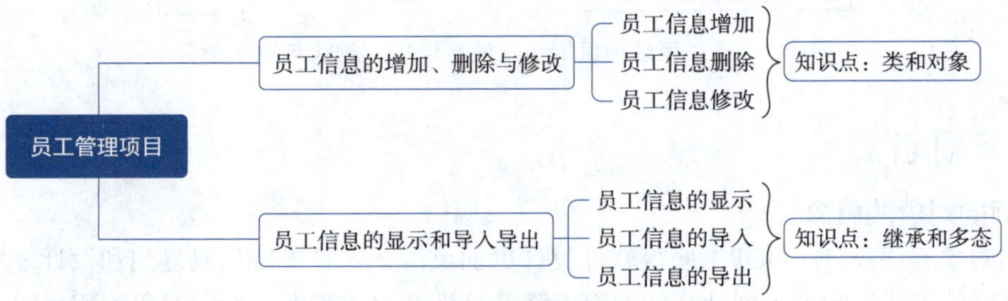

图 4-1 员工管理项目的思维导图

任务一 员工信息的增加、删除与修改

任务描述

设计员工管理项目的员工信息增加、删除与修改部分，完成以下功能，如图4-2所示：

（1）员工管理项目的界面输出：输出员工管理界面，提示用户进行选择；

（2）员工信息的增加：增加相关员工的信息；

（3）员工信息的删除：删除已有员工的信息；

（4）员工信息的显示：显示已有员工的信息。

```
------员工基本信息管理------
insert--------增加员工信息
delete--------删除员工信息
update--------修改员工信息
show----------显示员工信息
load----------导入员工信息
save----------导出员工信息
return--------返回
-----------------------------
info>insert
员工编号:01
员工姓名:员工1
员工职务:客服
请假天数:2
基本工资:3500
类型:普通员工
继续添加(y/n)?y
员工编号:02
员工姓名:员工2
员工职务:运营总监
请假天数:1
基本工资:6500
类型:经理
继续添加(y/n)?n
```

```
info>delete
请输入要删除的员工编号:02
删除成功
继续删除(y/n)?n
info>update
请输入要修改的员工编号:01
员工姓名:员工1
员工职务:客服
请假天数:5
基本工资:4000
类型:普通员工
修改成功
继续修改(y/n)?n
info>
```

图 4-2　员工管理项目的员工信息增加、删除与显示部分

相关知识

1. 面向对象的概念

面向对象程序设计（OOP）使得软件设计更加灵活，并且支持代码复用和设计复用，使代码具有更好的可读性和可扩展性，能大幅度降低软件开发的难度。面向对象编程着眼于角色以及角色之间的联系，使用面向对象编程思想解决问题时，开发人员首先会从问题中提炼出涉及的角色，并将不同角色各自的特征和关系进行封装，以角色为主体，为不同角色定义不同的属性和方法，描述角色各自的行为和属性。

面向对象核心的两个概念是对象和类。

（1）对象。对象（object）是现实世界中可描述的事物，它可以是有形的也可以是无形的，从一本书到一家图书馆，从单个整数到复杂的序列等都可以称为对象。对象既可以是具体的物理实体的事物，也可以是人为的概念，如一名员工、一家公司、一辆汽车、一个故事等。对象是构成世界的一个独立单位，它由数据（描述事物的属性）和作用于数据的操作（体现事物的行为）构成一个独立整体。从程序设计者的角度看，对象是一个程序模块；从用户来看，对象为他们提供所希望的行为。

（2）类。从具体的事物中把共同的特征抽取出来，形成一般的概念称为“归类”，忽略事物的非本质特性，关注与目标有关的本质特征，找出事物间的共性，抽象出一个概念模型，就是定义一个类（class）。

在面向对象的方法中，类是具有相同属性和行为的一组对象的集合，它提供一个抽象的描述，其内部包括属性和方法两个主要部分。它就像一个模具，可以用它铸造一个个具体的铸件。

面向对象三大特征为封装、继承和多态。

（1）封装。封装就是将数据和数据处理过程封装成一个整体，以实现独立性很强的模块，这避免了外界直接访问对象属性造成耦合度过高及过度依赖的问题，同时也阻止了外界对对象内部数据的修改（修改可能引发不可预知的错误）。

封装是面向对象的核心思想，将对象的属性和行为封装起来，外界不需要知道具体实现细节。

（2）继承。继承描述的是类与类之间的关系。通过继承，新生类可以在无须编写原有类的情况下，对原有类的功能进行扩展。继承不仅增强了代码复用性，提高了开发效率，也为程序的扩充提供了便利。在软件开发中，类的继承性使其所建立的软件具有开放性、可扩充性，这是对数据组织和分类行之有效的方法，它降低了创建对象、类的工作量。

（3）多态。多态指同一个属性或行为在父类及其各派生类中具有不同语义的特征。面向对象的多态性使得开发更科学、更符合人类的思维习惯，能有效地提高软件开发效率，缩短开发周期，提高软件可靠性。

封装、继承、多态是 OOP 的三大特征，它们的关系如图 4-3 所示。这三大特征适用于所有的面向对象语言。深入了解这些特征，是掌握 OOP 思想的关键。

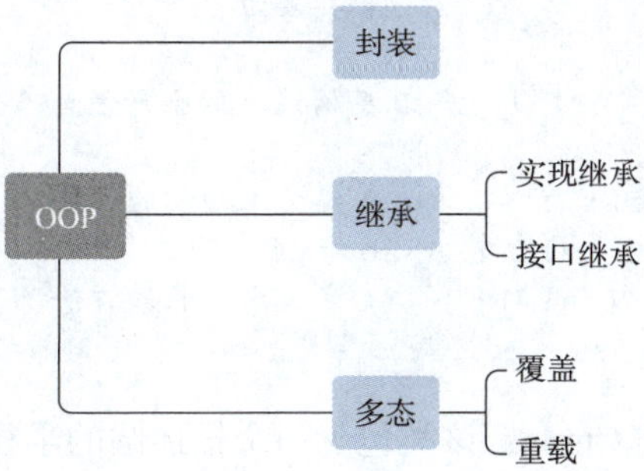

图 4-3　OOP 三大特征的关系

2. 类和对象

1）类和对象的关系

OOP 的关键之一在于将数据以及对数据的操作封装在一起，组成一个不可分割的整体，即对象。对相同类型的对象进行分类、抽象后，得出其共同的特征和行为而形成类，如动物类、汽车类等。类是对多个对象共同特征的抽象描述，它是对象的模板。对象用于描述现实中的个体，它是类的实例。下面通过日常生活中的常见场景来解释类和对象的关系。

汽车是人类出行乘坐的交通工具之一，厂商在生产汽车之前会进行分析用户需求、设计汽车模型、制作设计图样等操作。设计图样用于描述汽车的各种属性与功能，例如汽车应该有方向盘、发动机、加速器等部件，也应该能执行制动、加速、倒车等操作。设计图样审核通过之后，工厂依照该图样批量生产汽车。汽车设计图样可以视为一个类，批量生产的汽车可以视为对象，由于按照同一图样生产，这些汽车对象具有许多共性。

OOP 的关键之一在于如何合理地定义这些类，并且合理组织多个类之间的关系。Python 中对象的概念较广泛，一切内容皆可称为对象，函数也是对象。在创建类时，类的成员包含以下两部分。

（1）用变量形式表示对象特征的成员称为数据成员，也称为属性（attribute）。

（2）用函数形式表示对象行为的成员称为成员函数，也称为方法（method）。

数据成员和成员函数统称为类的成员。

2）类的定义

创建对象之前，需要先定义类。类是对象的抽象，是一种自定义类型，它用于描述一组对象的共同特征和行为。类中可以定义数据成员和成员函数，数据成员用于描述对象特征，成员函数用于描述对象行为。类的定义格式为：

```
class 类名:                          # 使用 class 定义类
    属性名 = 属性值                    # 定义属性
    def 方法名(self):                 # 定义方法
        方法体
```

Python 使用 class 关键字来声明一个类，类名需要符合标识符的命名规则，一般首字母大写，类名后的冒号必不可少。方法中的默认参数 self 代表类的实例（对象）本身，可以用来引用对象的属性和方法，self 参数必须位于参数列表的开头。

下面以定义一个圆（Circle）类为例进行说明，代码如下：

```
class Circle:                        # 类名为 Circle
    # 属性
    r = 5                            # 属性 r 的初始值为 5
    # 方法
    def get_area(self):              # 定义求面积的方法
        return 3.14 * self.r * self.r
    def get_perimeter(self):         # 定义求周长的方法
        return 2 * 3.14 * self.r
```

以上代码定义了一个圆类 Circle，该类包含一个描述圆的半径的属性 r、一个求圆面积的方法 get_area() 和一个求圆周长的方法 get_perimeter()。

3）对象的创建与使用

在 Python 程序中定义类之后是不能直接使用的，类需要实例化为对象才具有现实意义。可以使用如下语法创建一个对象：

```
对象名 = 类名()
```

例如，创建一个名为 circle01 和 circle02 的圆的对象，代码如下：

```
circle01 = Circle()
circle02 = Circle()
```

对象创建完之后，若想做到真正地使用对象，需要掌握访问对象成员的方法。对象成员分为属性和方法，它们的访问格式如下：

```
对象名.属性
对象名.方法()
```

使用以上格式访问 Circle 类对象 circle01 的属性和方法，代码如下：

```
circle02.r = 10
print(circle01.get_area())
print(circle01.get_perimeter())
print(circle02.get_area())
print(circle02.get_perimeter())
```

运行结果如下：

```
78.5
31.4
314.0
62.8
```

可见 circle01 的半径值没有改变，仍然为 5，而 circle02 的半径值被修改为 10。

4）类的成员访问限制

在 Python 程序中定义的类的成员可以分为公有成员和私有成员。默认情况下，类中定义的成员为公有成员，该类的对象可以任意访问类的公有成员。为了符合封装原则，Python 支持将类中的成员设置为私有成员，在一定程度上限制对象对类成员的访问。

（1）定义私有成员。如果成员名以两个下画线（_ _）开头，则表示是私有成员。私有成员可以是私有属性，也可以是私有方法。其语法格式如下：

```
  _ _属性名 = 属性值
  _ _方法名(self):
      方法体
```

在 Circle 类中增加一个私有属性 _ _pi 和私有方法 _ _info（：

```
class Circle:                          # 类名为 CIrcle
    # 属性
    r = 5                              # 属性 r 的初始值为 5
    _ _pi = 3.14                       # 定义私有属性
    # 方法
    def _ _info(self):                 # 定义私有方法
        print(" 圆的半径为：",self.r)
```

（2）访问私有成员。类的私有成员只能在类的内部访问。例如，私有属性和私有方法可以在公有方法中通过默认参数 self 进行访问：

```
class Circle:                          # 类名为 Circle
    # 属性
    r = 5                              # 属性 r 的初始值为 5
    _ _pi = 3.14                       # 定义私有属性
    # 方法
    def _ _info(self):                 # 定义私有方法
        print(" 圆的半径为：",self.r)
    def get_area(self):                # 定义求面积的方法
        self._ _info()
        return self._ _pi* self.r * self.r
    def get_perimeter(self):           # 定义求周长的方法
        return 2 * self._ _pi * self.r
```

上述代码中，私有方法 _ _info()、公有方法 get_area() 和 get_perimeter() 通过 self 访问私有属性 _ _pi。公有方法 get_area() 通过 self 访问私有方法 _ _info()。

公有成员可以在类的内部访问，也可以在类的外部进行访问。而私有成员只能在类的内部进行访问，如果在类的外部进行访问就会报错。例如，使用对象访问私有属性：

```
circle03 = Circle()
circle03.r = 4
print(circle03._ _pi)
```

运行代码，输出以下错误信息：

```
Traceback (most recent call last):
  File "C:\Users\15904\PycharmProjects\chapter04\chapter04.py", line 25, in <module>
    print(circle03._ _pi)
AttributeError: "Circle" object has no attribute "_ _pi"
```

使用对象访问私有方法：

```
circle03._ _info()
```

运行代码，输出以下错误信息：

```
Traceback (most recent call last):
  File "C:\Users\15904\PycharmProjects\chapter04\chapter04.py", line 26, in <module>
    circle03._ _info()
AttributeError: "Circle" object has no attribute "_ _info"
```

由以上错误信息可以得出对象无法直接访问私有成员。

3. 构造方法

构造方法的作用是初始化对象的属性，即在创建对象时就完成属性的赋值。Python 提供的构造方法的固定名称为 _ _init_ _（两个下画线开头、两个下画线结尾）。它的好处是在创建类的对象时，系统会自动调用构造方法，从而实现对类进行初始化的操作。每个类都有一个默认的 _ _init_ _() 方法，如果在定义类时显示地定义了 _ _init_ _() 方法，则创建对象时 Python 解释器会调用显示定义的 _ _init_ _() 方法。如果定义类时没有显示定义 _ _init_ _() 方法，那么 Python 解释器会调用默认的 _ _init_ _() 方法。

_ _init_ _() 方法按照其参数的有无（self 除外）可以分为有参构造方法和无参构造方法。在无参构造方法中可以为属性设置初始值，此时使用该方法创建的所有对象都具有相同的初始值。若希望每次创建的对象都有不同的初始值，则可以使用有参构造方法。

例如，定义一个矩形 Rectangle 类，该类中显示定义了一个无参的 _ _init_ _() 方法和求面积的 get_area() 方法。

```
class Rectangle:
    def _ _init_ _(self):      # 构造方法
        self.a = 4
        self.b = 6
    def get_area(self):
        return self.a * self.b

rect1 = Rectangle()
```

```
print(rect1.get_area())
rect2 = Rectangle()
rect2.a = 6
rect2.b = 10
print(rect2.get_area())
```

上述代码定义了一个包含无参构造方法的 Rectangle 类，属性 a 和 b 设置了初始值，基于该类创建的所有对象的属性 a 和 b 具有相同的初始值。要改变属性 a、b 的值，需要在创建对象后，通过“对象 . 属性 = 值”的方法来修改。对象 rectl 的 a 和 b 的值分别为 4 和 6，rect2 的 a 和 b 的值分别为 6 和 10。

如果不需要设置初始值，可以使用有参构造方法，对上例进行修改，代码如下：

```
class Rectangle:
    def _ _init_ _(self,a,b):       # 构造方法
        self.a = a
        self.b = b
    def get_area(self):
        return self.a * self.b

rect1 = Rectangle(4,5)
print(rect1.get_area())
rect2 = Rectangle(6,10)
print(rect2.get_area())
```

上述代码在创建对象时，通过传入参数值为对象属性赋值。其中，对象 recl 的 a 和 b 的值分别为 4 和 5，rect2 的 a 和 b 的值分别为 6 和 10。要注意的是，传入参数值的顺序与构造方法中参数（self 除外）的顺序要一一对应。

4. 析构方法

在创建对象时，Python 解释器会自动调用 _ _init_ _() 方法构造。在对象被清理时，Python 解释器也会自动调用一个名为 _ _del_ _() 的方法，这个方法叫作析构方法。

在定义 Rectangle 类时加入析构方法，代码如下：

```
class Rectangle:
    def _ _init_ _(self,a,b):       # 构造方法
        self.a = a
        self.b = b
    def get_area(self):
        return self.a * self.b
    def _ _del_ _(self):
        print(" 边长为：",self.a,self.b," 的对象被释放 ")
rect1 = Rectangle(4,5)
print(rect1.get_area())
rect2 = Rectangle(6,10)
print(rect2.get_area())
```

运行结果如下：

```
20
60
边长为： 4 5 的对象被释放
边长为： 6 10 的对象被释放
```

通过运行结果可以看出，当程序结束的时候，其占用的内存空间会被释放掉。如果需要手动释放，可以使用 del 关键字删除一个对象，释放它所占用的资源。修改上述代码，使对象 rect1 用完后立即释放，代码如下。

```
class Rectangle:
    def _ _init_ _(self,a,b):      # 构造方法
        self.a = a
        self.b = b
    def get_area(self):
        return self.a * self.b
    def _ _del_ _(self):
        print(" 边长为：",self.a,self.b," 的对象被释放 ")
rect1 = Rectangle(4,5)
print(rect1.get_area())
del rect1
print("rect1 被释放 ")
rect2 = Rectangle(6,10)
print(rect2.get_area())
```

运行结果如下：

```
20
边长为： 4 5 的对象被释放
rect1 被释放
60
边长为： 6 10 的对象被释放
```

分析运行结果可以看出，在执行 del 前会自动调用 _ _del_ _() 析构方法。Python 有自动垃圾回收机制，当 Python 程序结束的时候，Python 解释器会检测是否需要释放内存空间。如果需要，就自动调用 del 关键字删除。如果用户已经手动调用 del 关键字，就不需要自动删除。

任务分析

视频

员工信息的增加、删除与修改

根据任务描述，员工信息的增加、删除和修改部分设计如下：

（1）员工管理项目的界面输出：在 main() 方法中使用 print() 函数输出员工管理界面，包括增加员工信息、删除员工信息、修改员工信息、显示员工信息、导入员工信息、导出员工信息和返回。使用 input() 函数接收用户的选择，使用 strip() 函数获取‘main>’字符串后的字符串，并使用 lower() 函数将字符串转换成小写字母。如果用户输入 load，则使用 input() 函数提示用户输入要导入的文件名，使用 load 方法加载文件；如果用户输入 show，则调用 show 方法显示员工信息，如果用户输入 insert，则使用 insert 方法增加员工信息；如果用户输入 delete，则使用 delete 方法删除已有员工信息；如果用户输入 update，则使用 update 方法修改已有员工信息，如果用户输入 save，则使用

input() 函数提示用户输入要导出的文件名，使用 save 方法导出文件；如果用户输入 return，则返回。

（2）员工信息的增加：在 insert 方法中使用 input() 函数提示用户输入员工编号，如果员工编号已存在，则提示员工已存在，否则进行员工信息输入，包括员工姓名、员工职务、请假天数、基本工资、类型，实例化 1 个员工信息类，并添加到员工列表。

（3）员工信息的删除：在 delete 方法中使用 input() 函数提示用户输入要删除的员工编号，如果员工存在在员工列表中，则使用 remove 删除，并提示删除成功；如果员工不存在在员工列表中，则提示该员工不存在。

（4）员工信息的修改：在 update 方法中使用 input() 函数提示用户输入要修改的员工编号，如果员工存在在员工列表中，则提示用户输入新的员工信息，包括员工姓名、员工职务、请假天数、基本工资、类型，用户输入并提交后提示修改成功。如果员工不存在在员工列表中，则提示该员工不存在。

任务实施

```
# coding=utf-8
import os
class Employee:
    def __init__(self,no,name,job,off_days,base_salary,type):
        self.no = no                              # 员工编号
        self.name = name                          # 员工姓名
        self.job = job                            # 员工职务
        self.off_days = int(off_days)             # 请假天数
        self.base_salary = base_salary            # 基本工资
        self.type = type                          # 类型

class EmployeeList:
    def __init__(self):
        self.employeeList = []

    def __exists(self,no):
        # 判断员工是否存在
        for employee in self.employeeList:
            if employee.no == no:
                return True
        else:
            return False

    def insert(self):
        # 添加员工信息
        while True:
            no = input("员工编号:")
            if self.__exists(no):
                print("该员工已存在")
            else:
                name = input("员工姓名:")
                job = input("员工职务:")
```

```
                off_days = input("请假天数:")
                base_salary = input("基本工资:")
                type = input("类型:")
                employee = Employee(no,name,job,off_days,base_salary,type)
                self.employeeList.append(employee)
            choice = input("继续添加(y/n)?").lower()
            if choice == "n":
                break

    def delete(self):
        #删除员工信息
        while True:
            no = input("请输入要删除的员工编号:")
            for employee in self.employeeList[::]:
                if employee.no == no:
                    self.employeeList.remove(employee)
                    print("删除成功")
                    break
            else:
                print("该员工不存在")
            choice = input("继续删除(y/n)?").lower()
            if choice == "n":
                break

    def update(self):
        #修改员工信息
        while True:
            no = input("请输入要修改的员工编号:")
            if self._ _exists(no):
                for employee in self.employeeList:
                    if employee.no == no:
                        employee.name = input("员工姓名:")
                        employee.job = input("员工职务:")
                        employee.off_days = input("请假天数:")
                        employee.base_salary = input("基本工资:")
                        employee.type = input("类型:")
                        print("修改成功")
                        break
            else:
                print("该员工不存在")
            choice = input("继续修改(y/n)?").lower()
            if choice == "n":
                break
```

主方法如下:

```
    def main(self):
        #基本信息管理
        print("")
        print("员工基本信息管理".center(20,"-"))
        print("insert--------增加员工信息")
```

```
        print("delete--------删除员工信息")
        print("update--------修改员工信息")
        print("show----------显示员工信息")
        print("load----------导入员工信息")
        print("save----------导出员工信息")
        print("return--------返回")
        print("-"*28)
        while True:
            s = input("info>").strip().lower()
            if s == "load":
                fn = input("请输入要导入的文件名:")
                self.load(fn)
            elif s == "show":
                self.show()
            elif s == "insert":
                self.insert()
            elif s == "delete":
                self.delete()
            elif s == "update":
                self.update()
            elif s == "save":
                fn = input("请输入要导出的文件名:")
                self.save(fn)
            elif s =="return":
                break
            else:
                print("输入错误")

if __name__ == "__main__":
    em = EmployeeList()
    em.main()
```

任务拓展

定义一个类圆形，成员属性为半径，成员方法包括计算周长方法、计算面积方法、设置信息方法和显示信息方法，示例结果如下所示：

```
请输入圆形的半径: 5
圆形的半径为: 5
圆形的面积为: 78.50
圆形的周长为: 31.40
请输入圆形的半径: 10
圆形的半径为: 10
圆形的面积为: 314.00
圆形的周长为: 62.80
```

（1）在 PyCharm 中，选择“文件”→“新建项目”命令，在弹出的对话框中将项目命名为“chapter04”，单击“创建”按钮，创建新项目。

（2）在 PyCharm 中，右击左侧列表中的项目名称 chapter04，在弹出的快捷菜单中选择“新建”→“Python 文件”命令，在弹出的对话框中将文件命名为“任务拓展 1.py”，按【Enter】键，进行代码编辑。

```
class 圆形:
    # 属性
    半径 = 0

    # 方法
    def 设置属性(self):
        r = int(input("请输入圆形的半径:"))
        self.半径 = r

    def 显示属性(self):
        print("圆形的半径为:",self.半径)

    def 计算面积(self):
        面积 = 3.14 * self.半径*self.半径
        print("圆形的面积为:%.2f"%(面积))

    def 计算周长(self):
        周长 = 2 * 3.14 * self.半径
        print("圆形的周长为:%.2f"%(周长))

x = 圆形()
print("")
x.设置属性()
x.显示属性()
x.计算面积()
x.计算周长()
```

任务二　员工信息的显示和导入导出

任务描述

设计员工管理项目员工信息的显示、导入与导出部分，完成以下功能，如图 4-4 所示：

```
info>show
员工编号    员工姓名    员工职务    请假天数    基本工资    类型
01          员工1       客服        5           4000        普通员工
info>save
请输入要导出的文件名:员工信息
导出完毕
info>load
请输入要导入的文件名:员工信息
该员工已存在
导入完毕
info>
```

图 4-4　员工管理项目员工信息的显示、导入和导出部分

（1）员工信息的显示：输出指定员工编号的信息；

（2）员工信息的导入：导入指定的员工信息文件；

（3）员工信息的导出：将员工信息导出到指定文件。

相关知识

1. 类的方法

方法用来描述对象所具有的行为。例如列表对象的增加元素、删除元素、修改元素等，字符串对象的分隔、连接、替换等。

Python 类中定义的方法可以分为 4 大类：公有方法、私有方法、静态方法和类方法。公有方法、私有方法一般是指对象的实例方法，每个对象都有自己的公有方法和私有方法。在这两类方法中都可以访问所属类及其自身的成员，公有方法通过对象名直接访问，私有方法不能通过对象名直接访问，只能在实例方法中通过 self 访问或在外部通过 Python 支持的特殊方式来访问。公有方法和私有方法的使用方法在前面的案例中已经详述，在此不赘述。

1）定义类方法

在 Python 中，类方法可以使用装饰器（@classmethod）来标识。其语法格式为：

```
class 类名：
    @classmethod
    def 类方法名(cls):
        方法体
```

在上述格式中，类方法的第一个参数为 cls，它代表定义方法的类，即可以通过 cls 访问类的属性。要想调用类方法，既可以通过对象名调用，又可以通过类名调用，这两种方法没有任何区别，其格式为：

```
类名 . 类方法
对象名 . 类方法
```

定义一个含有类方法和类属性的 Example01 类，代码如下：

```
class Example01:
    num = 0       # 定义类属性
    @classmethod
    def setNum(cls,num):
        cls.num = num
exam01 = Example01()
exam01.setNum(100)
print("通过对象名访问的 num 值为：",exam01.num,
      "通过类名访问的 num 值为：",Example01.num)
Example01.setNum(200)
print("通过对象名访问的 num 值为：",exam01.num,
      "通过类名访问的 num 值为：",Example01.num)
```

上述代码在类 Example01 中定义了一个类属性 num 和一个类方法 setNum()，创建了一个对象，通过该对象名访问类方法来改变类属性的值，之后通过类名调用类方法再次改变类属性的值。运行代码的结果如下：

```
通过对象名访问的 num 值为： 100 通过类名访问的 num 值为： 100
通过对象名访问的 num 值为： 200 通过类名访问的 num 值为： 200
```

从上述运行结果中可以看出，类方法是可以改变类属性值的。类属性既可以通过对象名来访问，也可以通过类名来访问，这两种方式访问的结果一致。

（1）修改类属性值。定义一个含有类属性、类方法、实例方法的 Example02 类，代码如下：

```
class Example02:
    num = 0      # 定义类属性
    def modifyNum(self, num):
        self.num = num
    @classmethod
    def setNum(cls,num):
        cls.num = num
exam02 = Example02()
exam02.modifyNum(20)
print("通过对象名访问的 num 值为：",exam02.num,
      "通过类名访问的 num 值为：",Example02.num)
Example02.setNum(40)
print("通过对象名访问的 num 值为：",exam02.num,
      "通过类名访问的 num 值为：",Example02.num)
```

上述代码中，类 Example02 包含一个类属性 num、一个实例方法 modifyNum() 和一个类方法 setNum()，两个方法都对 num 的值做了修改，之后创建了一个对象，首先通过对象名调用实例方法修改 num 值，再通过类名调用类方法修改 num 值。代码运行结果如下：

```
通过对象名访问的 num 值为： 20 通过类名访问的 num 值为： 0
通过对象名访问的 num 值为： 20 通过类名访问的 num 值为： 40
```

从输出结果可以看出，调用实例方法 modifyNum() 后，通过对象名访问的 num 值发生了变化，而通过类名访问的 num 值并没有发生变化，说明类属性修改未成功。而调用类方法 setNum() 后，通过对象名访问的 num 值没变化，通过类名访问的 num 值发生了变化，说明类属性成功被修改。

这里存在一个问题，实例方法 modifyNum() 中明明通过"self.num=num"重新为 num 赋值，为什么类的 num 属性值仍然为 0 呢？这是因为通过"self.num=num"只是创建了一个与类属性同名的实例属性，并为其赋值，而非对类属性重新赋值。

（2）类方法与实例方法比较。对上述案例进行分析，总结类方法与实例方法有以下不同：

- 类方法使用装饰器（@classmethod）修饰。
- 类方法的第一个参数为 cls 而非 self，它代表类本身。
- 类方法既可以由对象调用，也可以直接由类调用。
- 类方法可以修改类属性，实例方法无法修改类属性。

2）定义静态方法

在 Python 中，静态方法使用修饰器（@staticmethod）标识。其语法格式为：

```
class 类名:
    @staticmethod
    def 静态方法名():
        方法体
```

上述格式中，静态方法的参数列表中没有任何参数，这就是它跟前面所介绍的实例方法、类方法的不同。静态方法的参数列表没有 self 参数，导致其无法访问类的实例属性和实例方法。静态方法的参数列表也没有 cls 参数，导致它也无法通过 cls 访问类属性。通过以上描述，可以得出结论：静态方法与定义它的类没有直接关系，只是起到了类似于函数的作用。

静态方法可以通过对象名调用，也可以通过类名调用，两者没有任何区别。语法格式为：

```
类名.静态方法
对象名.静态方法
```

定义一个含有静态方法和类属性的 Example03 类，代码如下：

```
class Example03:
    num = 10    # 定义类属性
    @staticmethod
    def get_class_num():
        print(f"类属性num值为:{Example03.num}")
        print("静态方法中用(类名.类属性)的方式访问类属性")
exam03 = Example03()
exam03.get_class_num()
Example03.get_class_num()
```

上述代码中，类 Example03 包含一个类属性 num 和一个静态方法 get_class_num()，之后创建了一个对象，最后用对象名和类名两种方式调用静态方法。运行结果如下：

```
类属性num值为:10
静态方法中用(类名.类属性)的方式访问类属性
类属性num值为:10
静态方法中用(类名.类属性)的方式访问类属性
```

从运行结果可以看出，通过类名和对象名调用静态方法的结果是一样的。在静态方法中，访问类属性必须通过“类名.类属性”的方式进行。

（1）静态方法与实例方法比较。对上述案例进行分析，总结静态方法与实例方法有以下不同：

- 静态方法没有 self 参数，它需要使用 @staticmethod 修饰。
- 在静态方法中需要以“类名.方法/属性名”的形式访问类的成员。
- 静态方法既可以由对象调用，也可以由类调用。

（2）静态方法与类方法比较。

- 类方法有一个 cls 参数，使用该参数可以在类方法中访问类的成员。
- 静态方法没有任何默认参数，它无法使用默认参数访问类的成员。
- 静态方法更适合执行与类无关的操作。

2. 单继承

所谓单继承就是指子类只继承一个父类，其语法格式如下：

```
class 子类(父类):
    属性
    方法
```

定义表示矩形的类 Rectangle，代码如下：

```
class Rectangle:
    def __init__(self,a,b):
        self.a = a
        self.b = b
    def get_area(self):
        return self.a * self.b
    def get_perimeter(self):
        return 2*(self.a + self.b)
```

类 Rectangle 中包含对象属性 a 和 b、获取面积的对象方法 get_area()、获取周长的对象方法 get_perimeter()。

定义表示长方体的类 Cuboid，代码如下：

```
class Cuboid(Rectangle):
    def __init__(self,h):
        self.h = h
    def get_volume(self):
        return self.get_area() * self.h
```

类 Cuboid 继承类 Rectangle，并新增了一个对象属性 h、一个计算体积的对象方法 get_volume()。类 Cuboid 继承了类 Rectangle 的所有属性和方法，即 Cuboid 类包含 3 个对象属性 a、b 和 h，以及 3 个对象方法 get_area()、get_perimeter()、get_volume()。

创建 Cuboid 类的对象 c1，使用 c1 对象分别调用 Rectangle 类和 Cuboid 类的方法：

```
c1 = Cuboid(10)
c1.a = 10
c1.b = 6
print("长方体 c1 的周长为：",c1.get_perimeter())
print("长方体 c1 的体积为：",c1.get_volume())
```

运行结果如下：

```
长方体 c1 的周长为： 32
长方体 c1 的体积为： 600
```

从运行结果可以看出，子类继承父类之后，就拥有从父类继承的属性和方法，它既可以调用自己的方法，又可以调用从父类继承的方法。

修改父类 Rectangle，增加私有属性 color 和私有方法 __print_color，代码如下：

```
class Rectangle:
```

```
    def __init__(self,a,b,color):
        self.a = a
        self.b = b
        self.__color = color      # 私有属性
    def __print_color(self):
        print(self.__color)
```

通过对象 cl 调用新增加的方法 print_info()：

```
    def print_info(self):
        print("长方体的颜色是：",self.__color)
        self.__print_color()
```

运行结果如下：

```
Traceback (most recent call last):
  File "C:\Users\15904\PycharmProjects\chapter04\chapter04.py", line 105, in <module>
    c1.print_info()
  File "C:\Users\15904\PycharmProjects\chapter04\chapter04.py", line 97, in print_info
    print("长方体的颜色是：",self.__color)
AttributeError: "Cuboid" object has no attribute "_Cuboid__color"
```

从运行结果来看，父类的私有属性和私有方法是不能被子类继承的，也不能被子类访问。

（1）isinstance() 函数与 issubclass() 函数。Python 提供了两个和继承相关的函数，分别是 isinstance() 和 issubclass()。isinstance(o,t) 函数用于检查对象的类型，它有 2 个参数，第一个参数表示要判断类型的对象，第二个参数表示类型，如果对象 o 是 t 类型的对象，则返回 True，否则返回 False。示例代码如下：

```
print(isinstance(c1,Rectangle))
print(isinstance(c1,Cuboid))
```

输出结果如下：

```
True
True
```

issubclass(child,parent) 函数用于检查类的继承关系，它有 2 个参数，第一个参数表示要判断的子类类型，第二个参数表示要判断的父类类型，如果 child 类型是 parent 类型的子类，则返回 True，否则返回 False。例如：

```
print(issubclass(Cuboid,Rectangle))
```

输出结果如下：

```
True
```

（2）父类方法重写。子类可以继承父类的属性和方法，若父类的方法不能满足子类的要求，子类可以重写父类的方法，以实现需要的功能。例如：在子类 Cuboid 中重写父类的 get_area() 方法，实现求长方体的表面积，代码如下：

```
class Rectangle:
    def _ _init_ _(self,a,b,color):
        self.a = a
        self.b = b
    def get_area(self):
        return self.a * self.b
    def get_perimeter(self):
        return 2*(self.a + self.b)
class Cuboid(Rectangle):
    def _ _init_ _(self,h):
        self.h = h
    def get_volume(self):
        return self.get_area() * self.h
    def get_area(self):
        area1 = 2 * self.a * self.b                          #2 个底面积之和
        area2 = 2 * (self.a * self.h + self.b * self.h) # 侧面积
        return area1 + area2
c1 = Cuboid(10)
c1.a = 10
c1.b = 6
print(" 长方体 c1 的表面积为：",c1.get_area())
```

例中，子类 Cuboid 继承了父类 Rectangle 的属性 a、b 和方法 get_area()、get_perimeter()。其中，get_area() 方法在子类中有歧义，对于长方体来讲，获取表面积更合理，所以在子类 Cuboid 中对 get_area() 方法进行了重写，实现了获取表面积的功能。值得注意的是，子类中重写的方法要与父类中被重写的方法具有相同的方法名和参数列表。上述代码运行结果如下：

```
长方体 c1 的表面积为： 440
```

（3）super() 函数。如果子类重写了父类的方法，但仍希望调用父类中的方法，该如何实现呢？ Python 提供了 super() 函数，使用该函数可以调用父类中的方法。其语法格式为：

```
super().方法名 ()
```

在子类 Cuboid 中，长方体表面积的公式为底面积 ×2+ 周长 × 高，长方体的体积为底面积 × 高。获取底面积的方法是父类 Rectangle 的 get_area() 方法，获取周长的方法是父类 Rectangle 的 get_perimeter() 方法。使用 super() 函数对 Cuboid 类进行优化，代码如下：

```
def get_area(self):
    area1 = 2 * super().get_area()                      #2 个底面积之和
    area2 = self.get_perimeter() * self.h               # 侧面积
    return area1 + area2
```

修改后，代码的运行结果没有任何变化，可以看出子类和父类都有名为 get_area() 的方法，在子类中调用父类的该方法需要用 super() 函数进行限定，而 get_perimeter() 方法是从父类继承的，在子类中没有被重写，所以可以使用 self 进行限定。

3. 多继承

多继承是指子类继承了多个父类，并且具有它们的特征，即子类继承了父类的方法和属性。多继承可以看作单继承的扩展，语法结构如下：

```
class 子类名(父类1, 父类2, ...)
```

定义一个类 Hollowcolumn，该类代表圆形空心柱，柱体为长方体形、内部为空心圆柱。该类有圆形特征，也有矩形特征，所以该类可以有 Circle 和 Rectangle 两个父类。

先定义两个父类 Circle 和 Rectangle，代码如下：

```
class Circle:
    def __init__(self,r):
        self.r = r
    def get_area(self):
        return 3.14 * self.r * self.r
    def get_perimeter(self):
        return 2 * 3.14 * self.r

class Rectangle:
    def __init__(self,a,b,color):
        self.a = a
        self.b = b
    def get_area(self):
        return self.a * self.b
```

再定义子类 Hollowcolumn，该类除了继承 Circle 和 Rectangle 两个父类的属性和方法，增加了属性高 h 和体积方法 get_volume()。

```
class Hollowcolumn(Circle,Rectangle):    # 继承 Circle 和 Rectangle 两个父类
    def __init__(self,h):
        self.h = h
    def get_volumn(self):
        vol1 = self.a * self.b * self.h
        vol2 = 3.14 * self.r * self.r * self.h
        return vol1 - vol2
```

创建一个半径为 5、长为 25、宽为 20、高为 50 的圆形空心柱，并求出该柱体的体积。

```
hc = Hollowcolumn(50)
hc.r = 5
hc.a = 20
hc.b = 25
print("圆形空心柱的体积为：",hc.get_volumn())
```

运行结果如下：

```
圆形空心柱的体积为： 21075.0
```

如果不同的父类中存在同名方法，子类对象在调用方法时，会调用哪一个父类的方法呢？

答案是哪个父类在前,就调用哪个父类的方法。如果想调用后面父类的方法,需要使用越位继承。在程序开发时,如果父类之间存在同名的方法,应该尽量避免使用多继承。多继承调用父类的方法的格式为:

```
super().方法名        #调用第一个父类的方法,等价于super(子类,self).方法名
super(A,self).方法名  #越过父类A,调用其后面的父类的方法
```

Python 针对类提供了一个内置属性“__mro__”。这个属性可以查看方法的搜索顺序,主要用于在多继承时判断 super() 调用类的路径,可以使用 print(子类.__mro__) 查看。

修改 Hollowcolumn 类,在构造方法中调用父类构造方法,在求体积的方法中调用父类的 get_area()。代码如下:

```
class Hollowcolumn(Circle,Rectangle):    #继承Circle和Rectangle两个父类
    def __init__(self,r,a,b,h):
        #Circle父类在前,就先调用Circle的构造方法
        super().__init__(r)
        #越过父类Circle,调用其后的父类构造方法,调用Rectangle类的构造方法
        super(Circle,self).__init__(a,b)
        self.h = h
    def get_volumn(self):
        #越过父类Circle,调用其后的父类构造方法,调用Rectangle类的构造方法
        vol1 = super(Circle,self).get_area() * self.h
        # Circle父类在前,就先调用Circle的构造方法
        vol2 = super().get_area() * self.h
        return vol1 - vol2

hc = Hollowcolumn(5,20,25,50)
print("圆形空心柱的体积为:",hc.get_volumn())
```

运行结果如下:

```
圆形空心柱的体积为: 21075.0
```

可以看出,修改后,代码的运行结果与修改前完全一致。

4. 多态

多态就是同一事物的多种形态,多态不是语法,是一种设计思想。在 Python 中,多态指在不考虑对象类型的情况下使用对象,多态可接收不同类型的对象,并调用这些对象的相同方法。调用时只关心这个类是否含有被调用的属性或方法,如果这些需要被调用的方法或属性不存在,那么将引发一个运行时错误。

1) Python 中多态的特点

- 只关心对象的实例方法是否同名,不关心对象类型。
- 对象所属的类之间,继承关系可有可无。
- 多态的好处可以增加代码的外部调用灵活度,让代码更加通用,兼容性比较强。
- 多态是调用方法的一种技巧,不会影响类的内部设计。

2) 多态的应用场景

(1)对象所属的类之间没有继承关系时。调用同一个方法 fly0,传入不同的参数(对象),

可以实现不同的功能。

```
class Duck(object):
    def fly(self):
        print("鸭子沿着地面飞起来了")
class Swan(object):
    def fly(self):
        print("天鹅在空中翱翔")
class Plane(object):
    def fly(self):
        print("飞机轰隆隆地起飞了")
#实现飞的功能函数
def flying(obj):
    obj.fly()
duck = Duck()
flying(duck)
swan = Swan()
flying(swan)
plane = Plane()
flying(plane)
```

代码运行结果如下：

```
鸭子沿着地面飞起来了
天鹅在空中翱翔
飞机轰隆隆地起飞了
```

通过运行结果可以看出，对于函数 flying()，在调用时分别传入了 3 个对象，得到 3 种不同的结果，即在调用函数 flying() 时只关心传入的对象是否有 fly() 方法，并不关心传入对象的类型。

（2）对象所属的类之间有继承关系时。

```
class gradapa(object):
    def __init__(self,money):
        self.money = money
    def p(self):
        print("this is gradapa")
class father(gradapa):
    def __init__(self,money,job):
        super().__init__(money)
        self.job = job
    def p(self):
        print("this is father，我重写了父类的方法")
class mother(gradapa):
    def __init__(self,money,job):
        super().__init__(money)
        self.job = job
    def p(self):
        print("this is mother，我重写了父类的方法")
#定义一个函数，函数调用类中的p()方法
def fc(obj):
```

```
    obj.p()
gradapa1 = gradapa(3000)
father1 = father(2000,"工人")
mother1 = mother(1000,"老师")
# 多态性体现为向同一个函数传递不同参数后，实现不同功能
fc(gradapa1)
fc(father1)
fc(mother1)
```

代码运行结果如下：

```
this is gradapa
this is father,我重写了父类的方法
this is mother,我重写了父类的方法
```

上述代码中定义了一个父类 gradapa，两个子类 father 和 mother。两个子类分别对父类的方法 p() 进行了重写。方法 fc() 根据传入对象，分别调用对象的 p() 方法，实现不同功能，从而实现多态。

任务分析

视频

员工信息的显示、导入和导出

根据任务描述，员工信息的显示、导入和导出部分设计如下：

（1）员工信息的显示：在 show 方法中使用 print() 函数输出员工编号、员工姓名、员工职务、请假天数、基本工资和类型。

（2）员工信息的导入：在 load 方法中，首先判断导入文件是否存在，如果存在则使用 open() 函数打开指定文件，使用 readline() 读取文件中一行的信息，判断员工是否已存在，如果不存在，则添加到员工列表中，如果存在则提示已存在。

（3）员工信息的导出：在 save 方法中，首先打开指定待保存文件，判断员工是否在员工列表中，如果存在，则使用 write() 函数将所有员工信息按照指定格式写入文件中。

任务实施

```
def show(self):
    # 显示员工信息
    print("{:8}\t{:8}\t{:8}\t{:8}\t{:8}\t{:8}".format("员工编号",
                                                   "员工姓名",
                                                   "员工职务",
                                                   "请假天数",
                                                   "基本工资",
                                                   "类型"))
    for employee in self.employeeList:
        print("{:8}\t{:8}\t{:8}\t{:8}\t{:8}\t{:8}".format(employee.no,
                                                       employee.name,
                                                       employee.job,
                                                       employee.off_days,
                                                       employee.base_salary,
                                                       employee.type))
```

```
    def load(self,fn):
        # 导入员工信息
        if os.path.exists(fn):
            try:
                with open(fn,"r",encoding = "utf-8") as fp:
                    while True:
                        fs = fp.readline().strip("\n")
                        if not fs:
                            break
                        else:
                            employee = Employee(*fs.split(","))
                            if self._ _exists(employee.no):
                                print(" 该员工已存在 ")
                            else:
                                self.employeeList.append(employee)
                print(" 导入完毕 ")
            except:
                print("error...") # 导入的文件不是 utf-8 编码，或是字段数不匹配等
        else:
            print(" 要导入的文件不存在 ")

    def getsalary(self,employee):
        if employee.type == " 普通员工 ":
            salary = float(employee.base_salary) * 1.6 + 200
        elif employee.type == " 经理 ":
            salary = float(employee.base_salary) * 1.7 + 500
        elif employee.type == " 董事 ":
            salary = float(employee.base_salary) * 1.38 + 2000 + 3000
        elif employee.type == " 其他 ":
             salary = float(employee.base_salary) - (employee.base_salary//21
* employee.off_days)
        return salary

    def save(self,fn):
        # 导出员工信息
        with open(fn,"w",encoding = "utf-8") as fp:
            for employee in self.employeeList:
                fp.write(employee.no + ",")
                fp.write(employee.name + ",")
                fp.write(employee.job + ",")
                fp.write(str(employee.off_days) + ",")
                fp.write(str(self.getsalary(employee)) + ",")
                fp.write(employee.type + "\n")
            print(" 导出完毕 ")
```

任务拓展

定义一个类球体，继承圆形类，成员属性仍为半径，成员方法除了包括计算周长方法、计算面积方法、设置信息方法和显示信息方法，还增加计算体积方法，示例结果如下所示：

```
请输入球体的半径 : 5                    请输入球体的半径 : 10
球体的半径为 : 5                        球体的半径为 : 10
球体的体积为 : 523.00                   球体的体积为 : 4186.00
```

定义一个类圆柱体，继承圆形类，成员属性除了半径，还要增加高，成员方法除了包括计算周长方法、计算面积方法、设置信息方法和显示信息方法，还增加计算体积方法。示例结果如下所示。

```
请输入圆柱体底面圆的半径 : 5                请输入圆柱体底面圆的半径 : 10
请输入圆柱体的高 : 10                        请输入圆柱体的高 : 20
圆柱体底面圆的半径为 : 5                     圆柱体底面圆的半径为 : 10
圆柱体的高为 : 10                            圆柱体的高为 : 20
圆柱体底面圆的面积为 : 78.50                 圆柱体底面圆的面积为:  314.00
圆柱体底面圆的周长为 : 31.40                 圆柱体底面圆的周长为 : 62.80
圆柱体的体积为 : 785.00                      圆柱体的体积为 : 6280.00
```

（1）在 PyCharm 中，选择“文件”→“新建项目”命令，在弹出的对话框中将项目命名为“chapter04”，单击“创建”按钮，创建新项目。

（2）在 PyCharm 中，右击左侧列表中的项目名称 chapter04，在弹出的快捷菜单中选择“新建”→“Python 文件”命令，在弹出的对话框中将文件命名为“任务拓展 2.py”，按【Enter】键，进行代码编辑。

```
class 圆形 :
    # 属性
    半径 = 0

    # 方法
    def 设置属性 (self):
        r = int(input(" 请输入圆形的半径: "))
        self. 半径 = r

    def 显示属性 (self):
        print(" 圆形的半径为: ",self. 半径 )

    def 计算面积 (self):
        面积 = 3.14 * self. 半径 *self. 半径
        print(" 圆形的面积为: %.2f"%( 面积 ))

    def 计算周长 (self):
        周长 = 2 * 3.14 * self. 半径
        print(" 圆形的周长为: %.2f"%( 周长 ))

class 球体 ( 圆形 ):
    # 属性

    # 方法
    def 设置属性 (self):
        r = int(input(" 请输入球体的半径: "))
        self. 半径 = r
```

```
    def 显示属性 (self):
        print("球体的半径为：",self.半径)

    def 计算体积 (self):
        体积 = (4 *3.14 * self.半径 * self.半径 * self.半径)//3
        print("球体的体积为：%.2f"%(体积))

class 圆柱体 (圆形):
    #属性
    高 = 0

    #方法
    def 设置属性 (self):
        r = int(input("请输入圆柱体底面圆的半径："))
        self.半径 = r
        h = int(input("请输入圆柱体的高："))
        self.高 = h

    def 显示属性 (self):
        print("圆柱体底面圆的半径为：",self.半径)
        print("圆柱体的高为：",self.高)

    def 计算面积 (self):
        面积 = 3.14 * self.半径*self.半径
        print("圆柱体底面圆的面积为：%.2f"%(面积))

    def 计算周长 (self):
        周长 = 2 * 3.14 * self.半径
        print("圆柱体底面圆的周长为：%.2f"%(周长))

    def 计算体积 (self):
        体积 = 3.14 * self.半径*self.半径 * self.高
        print("圆柱体的体积为：%.2f"%(体积))

y = 球体 ()
y.设置属性 ()
y.显示属性 ()
y.计算体积 ()

x = 圆柱体 ()
print("")
x.设置属性 ()
x.显示属性 ()
x.计算面积 ()
x.计算周长 ()
x.计算体积 ()
```

项目总结

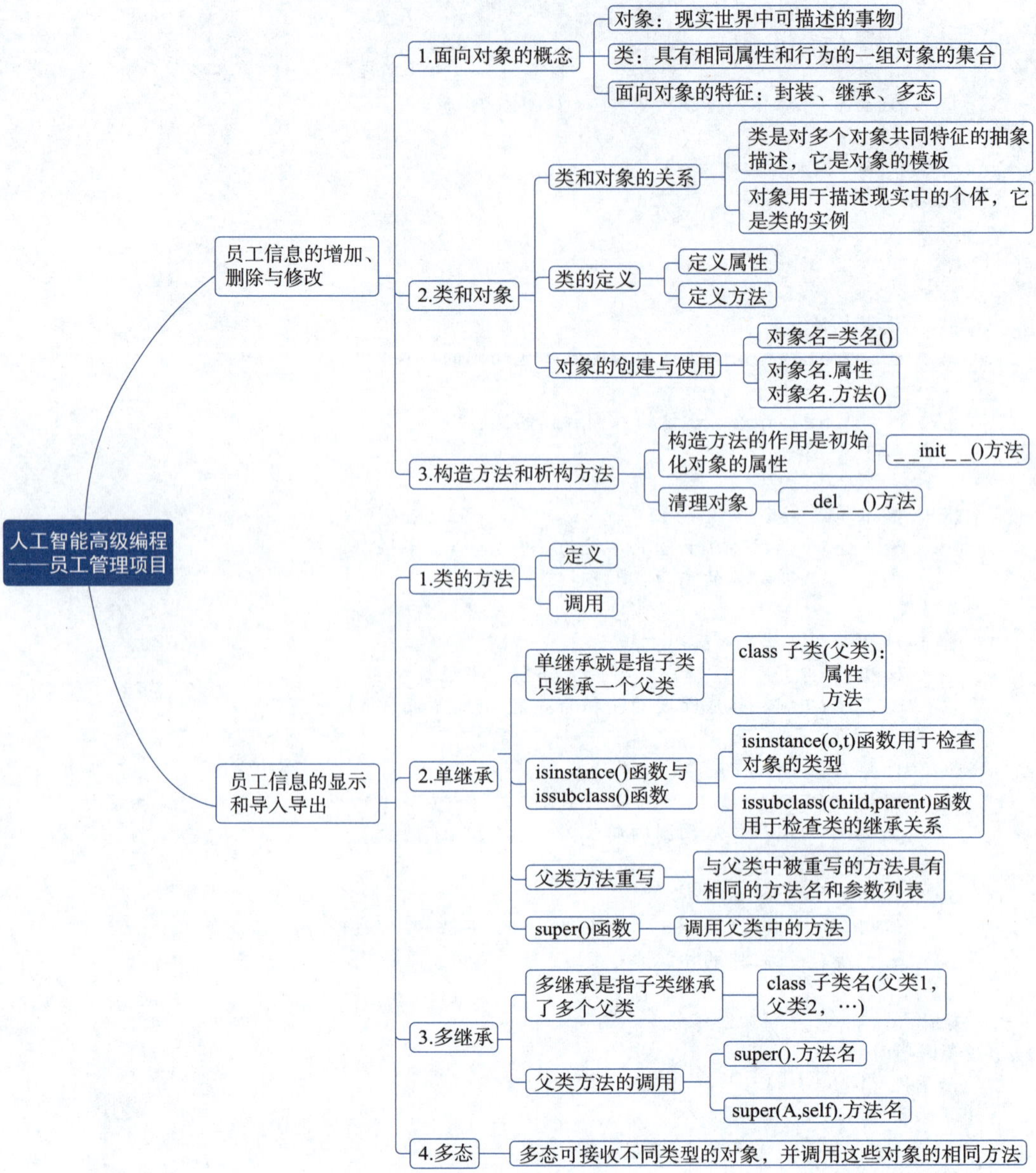

项目拓展

用类的思想重写学生成绩管理项目，具体要求如下：设计学生成绩管理项目，采集学生的信息（包括学号、姓名和各科成绩），并能够修改已有信息、删除错误信息、显示已有信息等，还能够统计分析课程的平均分、最高分和最低分。

（1）在 PyCharm 中，选择“文件”→“新建项目”命令，在弹出的对话框中将项目命名为“chapter04”，单击“创建”按钮，创建新项目。

（2）在 PyCharm 中，右击左侧列表中的项目名称 chapter04，在弹出的快捷菜单中选择“新建”→“Python 文件”命令，在弹出的对话框中将文件命名为“项目拓展 .py”，按【Enter】键，进行代码编辑。

```
# coding=utf-8
import os
class Student:
    def _ _init_ _(self,no,name,chinese,math,english):
        self.no = no                        # 学生编号
        self.name = name                    # 学生姓名
        self.chinese = int(chinese)         # 语文成绩
        self.math = int(math)               # 数学成绩
        self.english = int(english)         # 英语成绩

class EmployeeList:
    def _ _init_ _(self):
        self.studentList = []

    def _ _exists(self,no):
        # 判断学生是否存在
        for student in self.studentList:
            if student.no == no:
                return True
        else:
            return False

    def insert(self):
        # 添加学生信息
        while True:
            no = input(" 学生编号 :")
            if self._ _exists(no):
                print(" 该学生已存在 ")
            else:
                name = input(" 学生姓名 :")
                chinese = int(input(" 语文成绩 :"))
                math = int(input(" 数学成绩 :"))
                english = int(input(" 英语成绩 :"))

                student = Student(no,name,chinese,math,english)
                self.studentList.append(student)
            choice = input(" 继续添加 (y/n)?").lower()
            if choice == "n":
                break

    def show(self):
        # 显示学生信息
        print("{:8}\t{:8}\t{:8}\t{:8}\t{:8}".format(" 学生编号 "," 学生姓名 ",
              " 语文成绩 "," 数学成绩 "," 英语成绩 "))
        for student in self.studentList:
            print("{:8}\t{:8}\t{:8}\t{:8}\t{:8}".format(student.no,student.
                name,student.chinese,student.math,student.english))

    def delete(self):
        # 删除学生信息
```

```
        while True:
            no = input("请输入要删除的学生编号:")
            for student in self.studentList[::]:
                if student.no == no:
                    self.studentList.remove(student)
                    print("删除成功")
                    break
            else:
                print("该学生不存在")
            choice = input("继续删除(y/n)?").lower()
            if choice == "n":
                break

    def update(self):
        #修改学生信息
        while True:
            no = input("请输入要修改的学生编号:")
            if self.__exists(no):
                for student in self.studentList:
                    if student.no == no:
                        student.name = input("学生姓名:")
                        student.chinese = int(input("语文成绩:"))
                        student.math = int(input("数学成绩:"))
                        student.english = int(input("英语成绩:"))

                        print("修改成功")
                        break
            else:
                print("该学生不存在")
            choice = input("继续修改(y/n)?").lower()
            if choice == "n":
                break

    def load(self,fn):
        #导入学生信息
        if os.path.exists(fn):
            try:
                with open(fn,"r",encoding = "utf-8") as fp:
                    while True:
                        fs = fp.readline().strip("\n")
                        if not fs:
                            break
                        else:
                            student = Student(*fs.split(","))
                            if self.__exists(student.no):
                                print("该学生已存在")
                            else:
                                self.studentList.append(student)
                print("导入完毕")
            except:
                print("error...") #导入的文件不是utf-8编码,或是字段数不匹配
        else:
            print("要导入的文件不存在")

    def save(self,fn):
```

```
        # 导出员工信息
        with open(fn,"w",encoding = "utf-8") as fp:
            for student in self.studentList:
                fp.write(student.no + ",")
                fp.write(student.name + ",")
                fp.write(str(student.chinese) + ",")
                fp.write(str(student.math) + ",")
                fp.write(str(student.english) + "; ")
            print(" 导出完毕 ")

    def ScoreMin(self):
        # 求课程最低分
        chinese_min = 100
        math_min = 100
        english_min = 100
        if len(self.studentList) > 0:
            for student in self.studentList:
                if student.chinese < chinese_min:
                    chinese_min = student.chinese
                if student.math < math_min:
                    math_min = student.math
                if student.english < english_min:
                    english_min = student.english
            print(" 语文成绩最低分是 :%d"%chinese_min)
            print(" 数学成绩最低分是 :%d"%math_min)
            print(" 英语成绩最低分是 :%d"%english_min)
        else:
            print(" 尚无学生成绩 ...")

    def ScoreAvg(self):
        # 求课程平均分
        chinese_sum = 0
        math_sum = 0
        english_sum = 0
        length = len(self.studentList)
        if length > 0:
            for student in self.studentList:
                chinese_sum += student.chinese
                math_sum += student.math
                english_sum += student.english
            print(" 语文成绩平均分是 :%.2f"%(chinese_sum/length))
            print(" 数学成绩平均分是 :%.2f"%(math_sum/length))
            print(" 英语成绩平均分是 :%.2f"%(english_sum/length))
        else:
            print(" 尚无学生成绩 ...")

    def ScoreMax(self):
        # 求课程最高分
        chinese_max = 0
        math_max = 0
        english_max = 0
        if len(self.studentList) > 0:
            for student in self.studentList:
                if student.chinese > chinese_max:
                    chinese_max = student.chinese
```

```
                if student.math > math_max:
                    math_max = student.math
                if student.english > english_max:
                    english_max = student.english
            print("语文成绩最高分是:%d"%chinese_max)
            print("数学成绩最高分是:%d"%math_max)
            print("英语成绩最高分是:%d"%english_max)
        else:
            print("尚无学生成绩...")

    def main(self):
        #基本信息管理
        print("学生成绩管理".center(20,"-"))
        print("insert--------添加学生信息")
        print("delete--------删除学生信息")
        print("update--------修改学生信息")
        print("show----------显示学生信息")
        print("load----------导入员工信息")
        print("save----------导出员工信息")
        print("max-----------学生最高分  ")
        print("min-----------学生最低分  ")
        print("avg-----------学生平均分  ")
        print("return--------返回")
        print("-"*28)
        while True:
            s = input("info>").strip().lower()
            if s == "load":
                fn = input("请输入要导入的文件名:")
                self.load(fn)
            elif s == "show":
                self.show()
            elif s == "insert":
                self.insert()
            elif s == "delete":
                self.delete()
            elif s == "update":
                self.update()
            elif s == "save":
                fn = input("请输入要导出的文件名:")
                self.save(fn)
            elif s == "max":
                self.ScoreMax()
            elif s == "min":
                self.ScoreMin()
            elif s == "avg":
                self.ScoreAvg()
            elif s =="return":
                break
            else:
                print("输入错误")

if __name__ == "__main__":
    em = EmployeeList()
    em.main()
```

运行结果如图 4-5 所示：

```
--------学生成绩管理--------
insert---------添加学生信息
delete---------删除学生信息
update---------修改学生信息
show-----------显示学生信息
load-----------导入员工信息
save-----------导出员工信息
max------------学生最高分
min------------学生最低分
avg------------学生平均分
return---------返回
------------------------------
info>insert
学生编号:001
学生姓名:学生1
语文成绩:78
数学成绩:67
英语成绩:82
继续添加(y/n)?y
学生编号:002
学生姓名:学生2
语文成绩:73
数学成绩:89
英语成绩:93
继续添加(y/n)?y
学生编号:003
学生姓名:学生3
语文成绩:89
数学成绩:93
英语成绩:95
继续添加(y/n)?n
info>show
学生编号        学生姓名        语文成绩        数学成绩        英语成绩
001             学生1                 78              67              82
002             学生2                 73              89              93
003             学生3                 89              93              95
info>delete
请输入要删除的学生编号:003
删除成功
继续删除(y/n)?n
info>show
学生编号        学生姓名        语文成绩        数学成绩        英语成绩
001             学生1                 78              67              82
002             学生2                 73              89              93
info>update
请输入要修改的学生编号:002
学生姓名:学生2
语文成绩:83
数学成绩:89
英语成绩:93
修改成功
继续修改(y/n)?n
info>show
学生编号        学生姓名        语文成绩        数学成绩        英语成绩
001             学生1                 78              67              82
002             学生2                 83              89              93
info>
```

```
==============================
--------学生成绩管理--------
insert---------添加学生信息
delete---------删除学生信息
update---------修改学生信息
show-----------显示学生信息
load-----------导入员工信息
save-----------导出员工信息
max------------学生最高分
min------------学生最低分
avg------------学生平均分
return---------返回
------------------------------
info>insert
学生编号:001
学生姓名:学生1
语文成绩:67
数学成绩:78
英语成绩:83
继续添加(y/n)?y
学生编号:002
学生姓名:学生2
语文成绩:78
数学成绩:88
英语成绩:93
继续添加(y/n)?y
学生编号:003
学生姓名:学生3
语文成绩:89
数学成绩:95
英语成绩:78
继续添加(y/n)?n
info>max
语文成绩最高分是:89
数学成绩最高分是:95
英语成绩最高分是:93
info>min
语文成绩最低分是:67
数学成绩最低分是:78
英语成绩最低分是:78
info>avg
语文成绩平均分是:78.00
数学成绩平均分是:87.00
英语成绩平均分是:84.67
info>
```

图 4-5　学生成绩管理项目输出图

项目五
人工智能数据分析——数据处理项目

学习目标

◎知识目标

1. 掌握 Numpy 数据分析工具库的使用
2. 掌握 Pandas 数据分析工具库的使用
3. 掌握 Matplotlib 数据分析工具库的使用

◎能力目标

1. 能够使用 Numpy 数据分析工具库进行矩阵运算
2. 能够使用 Pandas 数据分析工具库进行数据分析
3. 能够使用 Matplotlib 数据分析工具库进行可视化绘图
4. 能够具体解决人工智能方面的问题

◎素质目标

1. 具有严谨的工作态度，具体问题具体分析
2. 具有创新解决问题的能力，具有精益求精的工作态度
3. 具有良好的编码规范和职业素养

项目导入

学会使用不同的库，设计三个数据处理子任务，具体见表 5-1。

表 5-1　数据处理项目的任务清单

项目名称	任务名称	任务功能
数据处理项目	Numpy 数据运算——随机漫步项目	随机从一块瓷砖“漫步”到另一块瓷砖。假设可能从其所在的瓷砖移动到其周围八块瓷砖中的任何一块（除非碰到墙壁），计算把每一块瓷砖都至少接触一次的时间
	Pandas 数据分析——豆瓣读书数据处理与分析	根据豆瓣读书数据情况将数据集进行预处理，包括异常数据清洗、数据类型转换以及直观数据进行初步数据分析
	Matplotlib 可视化绘图——餐厅小费赠予情况数据可视化	分析小费金额与总消费金额的关系；分析男性顾客与女性顾客小费赠予的区别；分析日期与小费的关系

其中，每个子任务所对应知识点思维导图如图 5-1 所示。

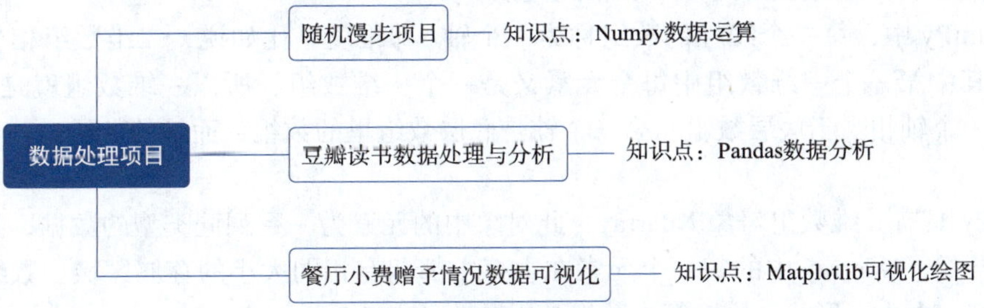

图 5-1　数据处理项目的思维导图

任务一　Numpy 数据运算——随机漫步项目

任务描述

有一类问题总称为“随机漫步”（random walk）问题，这类问题长久以来吸引着数学界学者。随机漫步是一种数学统计模型，它由一连串轨迹组成，其中每一次的轨迹都是随机的，它能用来表示不规则的变动形式，如同一个人乱步所形成的随机记录。“随机漫步”问题可以描述如下：

在矩形的房间里，铺有 $n \times m$ 块瓷砖，现将一只老鼠放在地板中间的一块指定瓷砖上，老鼠随机地从一块瓷砖“漫步”到另一块瓷砖。假设它可能从其所在的瓷砖移动到其周围八块瓷砖中的任何一块（除非碰到墙壁），那么它把每一块瓷砖都至少接触一次将用多长时间？

相关知识

1. 初识 NumPy

NumPy（numerical python）是 Python 科学计算的基础库，它提供了非常丰富的功能，可以用于线性代数运算、傅里叶变换及随机数生成，还可作为在算法之间传递数据的容器。对于数值型数据，NumPy 数组在存储和处理数据时比 Python 内置的数据结构更高效，并且由其他语言（如 C 语言）编写的库可以直接操作 NumPy 数组中的数据，无须进行数据复制工作。

NumPy 是 Python 的一种开源的数值计算扩展工具。这种工具可用来存储和处理大型矩阵，比 Python 自身的嵌套列表结构（nestedlist structure）要高效得多。NumPy 提供高性能的数组对象，用户利用它可以更轻松地创建一维数组、二维数组、三维数组及多维数组，并进行数组计算。NumPy 的主要功能如下：

（1）提供功能强大的 *n* 维数组对象。

（2）提供精密广播功能函数。

（3）集成 C/C++ 和 Fortran 代码。

（4）提供强大的线性代数、傅里叶变换和随机数功能。

2.NumPy 数组操作

常用的数组可以分为一维数组、二维数组和三维数组，其中三维数组是常见的多维数组。NumPy 数组的维数称为秩（rank），秩就是轴（axis）的数量，即数组的维度（dimensions）。一维数组的秩为 1，二维数组的秩为 2，依此类推。

在 NumPy 中，每一个线性的数组称为一个轴，即维度。比如说，二维数组相当于两个一维数组，其中第一个一维数组中每个元素又是一个一维数组，所以一维数组就是 NumPy 中的轴，第一个轴相当于底层数组，第二个轴是底层数组里的数组，而轴的数量——秩，就是数组的维数。

NumPy 具有 n 维数组对象 Ndarray，此对象中的元素为一系列同类型的数据，其中元素的索引从 0 开始。Ndarray 中的每一个元素在内存中都拥有相同大小的存储区域。数组的属性主要包含类型、大小、形状、维度等。数组常用属性见表 5-2。

表 5-2　数组常用属性

属　性	说　明
ndarray.shape	shape 属性的返回值是一个由数组维度构成的元组，例如，2 行 3 列的二维数组可以表示为（2,3）。该属性可以用来调整数组维度的大小
ndaray.dtype	用户可以通过 dtype 属性获取数组中元素的数据类型，也可以在创建数组时通过 dtype 指定数组中元素的数据类型
ndarray.ndim	该属性返回的是数组的维数
ndarray.itemsize	返回数组中每个元素的大小（以字节为单位）
ndarray.flags	返回 ndarray 的内存信息
ndarray.size	数组元素的总个数，相当于 ndarray.shape 中 n × m 的值

NumPy 支持的数据类型比 Python 内置的类型要多很多，基本上可以与 C 语言的数据类型对应上，其中部分类型对应 Python 内置的类型，见表 5-3。

表 5-3　NumPy 支持的数据类型

属　性	说　明
bool_	布尔类型（True 或 False）
int_	默认的整数类型（类似于 C 语言的 long、int32 或 int64）
intc	与 C 语言的 int 一样，一般是 int32 或 int 64
intp	用于索引的整数类型（一般是 int32 或 int64）
int8	单字节有符号整数（-128~127）
int16	整数（-32768~32767）
int32	整数（-2147483648~2147483647）

续上表

属　性	说　明
int64	整数（-9223372036854775808~9223372036854775807）
uint8	单字节无符号整数（0~255）
uint16	无符号整数（0~65535）
uint32	无符号整数（0~4294967295）
uint64	无符号整数（0~18446744073709551615）
float_	float64 类型的简写
float16	半精度浮点数，包括 1 个符号位、5 个指数位、10 个尾数位
float32	单精度浮点数，包括 1 个符号位、8 个指数位、23 个尾数位
float64	双精度浮点数，包括 1 个符号位、11 个指数位、52 个尾数位
complex_	complex128 类型的简写，即 128 位复数
complex64	复数，表示双 32 位浮点数（实数部分和虚数部分）
complex128	复数，表示双 64 位浮点数（实数部分和虚数部分）

数据类型对象（即 numpy.dtype 类的实例）用来描述与数组对应的内存区域是如何使用的。它描述了数据的以下几个方面：

（1）数据的类型（如整数类型、浮点数类型或者 Python 对象）。

（2）数据的大小（如整数使用多少字节存储）。

（3）数据的字节顺序（小端法或大端法）。

（4）在结构化的情况下，字段名称、每个字段的数据类型和每个字段所取的内存部分。

（5）子数组的形状和数据类型。

（6）字节顺序是通过对数据类型预先设定“<”或“>”来决定的。“<”意味着小端法（即最小值存储在最小的地址，低位组放在最前面）。“>”意味着大端法（即最重要的字节存储在最小的地址，高位组放在最前面）。

1）创建数组

NumPy 创建数组主要使用 array() 函数，其语法格式如下：

```
numpy.array(object,dtype=None,copy=True,order=None,subok=False,ndmin=0)
```

array() 函数的主要参数说明见表 5-4。

表 5-4　array() 函数的主要参数说明

参　数	说　明
object	表示一个数组序列
dtype	可选参数，通过它可以更改数组的数据类型，对原来的整数类型或者其他类型进行强制转换
copy	可选参数，当数据源是 Ndarray 时表示数组能否被复制，默认值为 True
order	可选参数，表示以哪种内存布局创建数组，有 3 个可选值，分别是 C（行序列）、F（列序列）、A（默认）
ndmin	可选参数，用于指定数组的维度，如一维数组、二维数组、三维数组等

例如，使用 array() 函数创建一维数组和二维数组，具体代码如下。

```
import numpy as np
list_1 = [1,2,3,4]
list_2 = [[1,2,3,4],[5,6,7,8]]
arr_1 = np.array(list_1)
arr_2 = np.array(list_2)
print(" 一维数组为 \n",arr_1)
print(" 二维数组为 \n",arr_2)
```

运行结果如下：

```
一维数组为
 [1 2 3 4]
二维数组为
 [[1 2 3 4]
 [5 6 7 8]]
```

当创建一个指定形状和类型的数组时，可以使用 zeros() 函数、ones() 函数和 empty() 函数，其中 zeros() 函数与 ones() 函数分别用来创建全 0 数组和全 1 数组，empty() 函数用于创建空值数组。其参数与其他创建数组的函数参数类似，下面来具体了解一下。

zeros() 函数创建数组的语法格式如下：

```
numpy.zeros(shape,dtype=float,order="C")
```

ones() 函数创建数组的语法格式如下：

```
numpy.ones(shape,dtype=None,order="C")
```

empty() 函数创建数组的语法格式如下：

```
numpy.empty(shape,dtype=float,order="C")
```

具体示例代码如下：

```
import numpy as np
zero = np.zeros(5)
one = np.ones(5)
empty = np.empty(10)
print(" 元素个数为 5 的全 0 数组：\n",zero)
print(" 元素个数为 5 的全 1 数组：\n",one)
print(" 元素个数为 10 的空值数组：\n",empty)
```

运行结果如下：

```
元素个数为 5 的全 0 数组：
 [0. 0. 0. 0. 0.]
元素个数为 5 的全 1 数组：
 [1. 1.1. 1. 1.]
元素个数为 10 的空值数组：
 [            nan 0.00000000e+000 1.10569685e-311 2.02369289e-320
 0.00000000e+000 0.00000000e+000 0.00000000e+000 0.00000000e+000
```

```
0.00000000e+000 0.00000000e+000]
```

使用 random.randint() 函数可以创建 n 个指定范围内随机数值的数组，具体创建方法如下：

```
import numpy as np
print(np.random.randint(1,4,5))
```

运行结果如下：

```
[1 2 2 1 2]
```

2）数组运算

用户不用编写循环代码即可对 NumPy 数组执行批量运算。

（1）基础运算。数组的基础运算是数组与常数之间、数组与数组之间的四则运算。

数组与常数运算，具体代码如下：

```
import numpy as np
arr = np.array([1,2,3,4,5])
print(arr+1)
print(arr-1)
print(arr*2)
print(arr/2)
```

运行结果如下：

```
[2 3 4 5 6]
[0 1 2 3 4]
[ 2  4  6  8 10]
[0.5 1.  1.5 2.  2.5]
```

由上例可知，数组与常数的运算就是在数组的元素上做相应的基础运算。

数组与数组运算，具体代码如下。

```
import numpy as np
arr = np.array([1,2,3,4,5])
arr_1 = np.array([6,7,8,9,10])
print(arr + arr_1)
print(arr - arr_1)
print(arr * arr_1)
print(arr / arr_1)
```

运行结果如下：

```
[ 7  9 11 13 15]
[-5 -5 -5 -5 -5]
[ 6 14 24 36 50]
[0.16666667 0.28571429 0.375      0.44444444 0.5       ]
```

由此可见，NumPy 中的数组与数组运算其实是每个数组中的对应元素进行运算。

（2）比较运算。Python 变量间常用到的比较运算符在 NumPy 数组中也同样适用，用来比较相同元素类型、个数的数组中的元素大小。

比较运算的具体代码如下：

```
import numpy as np
arr = np.array([1,2,3,4,5])
arr_1 = np.array([6,7,8,9,10])
print(arr > arr_1)
print(arr < arr_1)
print(arr >= arr_1)
print(arr <= arr_1)
print(arr == arr_1)
print(arr != arr_1)
```

运行结果如下：

```
[False False False False False]
[ True  True  True  True  True]
[False False False False False]
[ True  True  True  True  True]
[False False False False False]
[ True  True  True  True  True]
```

可以看到，NumPy 的数组比较运算中数组的元素均返回布尔型数据，即通过返回 True、False 来对结果进行呈现。

（3）逻辑运算。NumPy 中逻辑运算主要被用来判断单个或多个数组中的元素的真（True）、假（False）值。与 Python 变量的逻辑运算类似，NumPy 也有与（&）、或（|）、非（~）、异或（^）等运算。

在 NumPy 多个数组的逻辑运算中，除了可以使用以上逻辑运算符，也可以使用 logical_and() 函数、logical_or() 函数、logical_not() 函数、logical_xor() 函数来替代运算符。

在单个数组中判断元素是否为真值时，可以使用 all() 函数和 any() 函数。all() 函数用来判参数中的数组元素是否全部为真；any() 函数主要用来判断参数中的数组元素是否含有真值。

单个数组的逻辑运算，具体代码如下：

```
import numpy as np
new_arr = np.array([1,2,3,4,5,6])
print(np.any(new_arr))
print(np.all(new_arr))
```

运行结果如下：

```
True
True
```

多个数组的逻辑运算，具体代码如下：

```
import numpy as np
new_arr = np.array([1,2,3,4,5,6])
```

```
new_arr1 = np.array([0,2,0,4,1,6])
result = (new_arr == 2) & (new_arr1 == 2)
result1 = (new_arr == 2) | (new_arr1 == 2)
print(result)
print(result1)
```

运行结果如下：

```
[False  True False False False False]
[False  True False False False False]
```

（4）幂运算。NumPy 中数组中对应位置元素的幂运算，用“**”表示。

进行幂运算的具体代码如下：

```
import numpy as np
new_arr = np.array([1,2,3])
new_arr1 = np.array([0,2,5])
print(new_arr ** new_arr1)
```

运行结果如下：

```
[  1   4 243]
```

由运行结果可见，假设数组 new_arr 的元素为 n1，数组 new_arrl 的元素为 n2，幂运算的结果为 nl 的 n2 次幂。

3.NumPy 矩阵操作

NumPy 中除了数组类型，还有另外一种类型概念就是矩阵。在 NumPy 中，矩阵是数组的分支，数组和矩阵有些时候是通用的，二维数组也称为矩阵。

1）矩阵的创建

数组和矩阵虽然都可以用来处理以行列表示的数组元素，但是在这两种数据类型上执行相同的数学运算时，可能会得到不同的结果。

创建矩阵通常用到 matrix() 函数，具体代码如下：

```
import numpy as np
arr = np.matrix("1 2 5 6;3 4 7 8")
print(arr)
```

运行结果如下：

```
[[1 2 5 6]
 [3 4 7 8]]
```

创建矩阵使用数组作为参数，具体代码如下：

```
import numpy as np
arr = np.matrix([[1,2,5,6],[3,4,7,8]])
print(arr)
```

运行结果如下：

```
[[1 2 5 6]
 [3 4 7 8]]
```

当在数据处理过程中需要创建一些具有一定规律的矩阵时，这样“手动输入”还是有些复杂，这时就可以使用一些特定的函数去直接生成有一定规律的矩阵。

下面来列举一些常见的规律矩阵。

创建一个 5×5 元素全为 0 的矩阵，具体代码如下：

```
import numpy as np
arr = np.matrix(np.zeros((5,5)))
print(arr)
```

运行结果如下：

```
[[0. 0. 0. 0. 0.]
 [0. 0. 0. 0. 0.]
 [0. 0. 0. 0. 0.]
 [0. 0. 0. 0. 0.]
 [0. 0. 0. 0. 0.]]
```

创建一个 5×5 元素全为 1 的矩阵，具体代码如下：

```
import numpy as np
arr = np.matrix(np.ones((5,5)))
print(arr)
```

运行结果如下：

```
[[1. 1. 1. 1. 1.]
 [1. 1. 1. 1. 1.]
 [1. 1. 1. 1. 1.]
 [1. 1. 1. 1. 1.]
 [1. 1. 1. 1. 1.]]
```

创建一个元素为 1~5 随机整数的 5×5 矩阵，具体代码如下：

```
import numpy as np
arr = np.matrix(np.random.randint(1,6,size = (5,5)))
print(arr)
```

运行结果如下：

```
[[4 1 5 2 3]
 [2 2 4 1 4]
 [1 4 3 4 2]
 [3 3 3 2 1]
 [3 5 3 5 2]]
```

创建一个 5×5 对角矩阵，具体代码如下：

```
import numpy as np
arr = np.matrix(np.diag([1,2,3,4,5]))
print(arr)
```

运行结果如下：

```
[[1 0 0 0 0]
 [0 2 0 0 0]
 [0 0 3 0 0]
 [0 0 0 4 0]
 [0 0 0 0 5]]
```

2）矩阵的运算

如果两个矩阵大小相同，也可以对这两个矩阵进行加、减、乘、除基础运算。首先创建两个矩阵 arr_1 和 arr_2 来实现矩阵的加、减、除运算，具体代码如下：

```
import numpy as np
# 创建 2 个矩阵
arr_1 = np.matrix([[1,2,5,6],[3,4,7,8]])
arr_2 = np.matrix([[1,2,5,6],[3,4,7,8]])
print(arr_1 + arr_2)     # 矩阵相加
print(arr_1 - arr_2)     # 矩阵相减
print(arr_1 / arr_2)     # 矩阵相除
```

运行结果如下：

```
[[ 2  4 10 12]
 [ 6  8 14 16]]
[[0 0 0 0]
 [0 0 0 0]]
[[1. 1. 1. 1.]
 [1. 1. 1. 1.]]
```

当使用以上两个矩阵相乘时，碰到了以下报错。

```
Traceback (most recent call last):
   File "C:\Users\15904\PycharmProjects\chapter06\chapter06.py", line
121, in <module>
    print(arr_1 * arr_2)
  File "C:\Users\15904\PycharmProjects\chapter06\.venv\Lib\site-packages\
numpy\matrixlib\defmatrix.py", line 224, in _ _mul_ _
    return N.dot(self, asmatrix(other))
ValueError: shapes (2,4) and (2,4) not aligned: 4 (dim 1) != 2 (dim 0)
```

说明在做矩阵相乘时，必须保证两个矩阵的形状相互兼容，也就是说，数据的维度是需要“对齐”的，即上一个矩阵的输出维度等于下一个矩阵的输入维度。很明显，这里两者不相等，所以会报错。

保证两个矩阵的维度相等，具体代码如下：

```
import numpy as np
arr_1 = np.matrix([[1,2],[3,4],[3,4],[3,4]])
arr_2 = np.matrix([[1,2,5,6],[3,4,7,8]])
print(arr_1 * arr_2)
```

运行结果如下：

```
[[ 7 10 19 22]
 [15 22 43 50]
 [15 22 43 50]
 [15 22 43 50]]
```

3）矩阵的转置与求逆

（1）矩阵的转置。在 NumPy 中获得矩阵的转置非常容易，只需访问其 T 属性。NumPy 在进行矩阵转置时不会实际移动内存中的任何数据，只是改变对原始矩阵的索引方式，因此这样是非常高效的。但是，这也意味着要特别注意修改对象的方式，因为它们共享数据。

矩阵的转置，具体代码如下：

```
import numpy as np
mat = np.matrix([[1,2],[3,4],[5,6],[7,8]])
print(" 转置前为: \n",mat)
print(" 转置后为: \n",mat.T)
```

运行结果如下：

```
转置前为:
 [[1 2]
 [3 4]
 [5 6]
 [7 8]]
转置后为:
 [[1 3 5 7]
 [2 4 6 8]]
```

（2）矩阵的求逆。访问矩阵的 I 属性即可实现对矩阵的逆运算，具体代码如下：

```
import numpy as np
mat = np.matrix([[1,2],[3,4],[5,6],[7,8]])
print(" 求逆前为: \n",mat)
print(" 求逆后为: \n",mat.I)
```

运行结果如下：

```
求逆前为:
 [[1 2]
 [3 4]
 [5 6]
 [7 8]]
```

```
求逆后为：
 [[-1.00000000e+00 -5.00000000e-01  1.60786705e-15  5.00000000e-01]
 [ 8.50000000e-01  4.50000000e-01  5.00000000e-02 -3.50000000e-01]]
```

4.NumPy 常用统计函数

NumPy 提供了很多统计函数，用于从数组中查找最小元素、最大元素、百分位标准差和方差等。最大值函数与最小值函数说明如下：

（1）numpy.amin() 用于计算数组中的元素沿指定轴的最小值；

（2）numpy.amax() 用于计算数组中的元素沿指定轴的最大值。

查找数组中元素最大值与最小值，具体代码如下：

```
import numpy as np
a = np.array([[3,7,5],[8,4,3],[2,4,9]])
print("amin() 函数: ",np.amin(a,1))
print("amin() 函数: ",np.amin(a,0))
print("amax() 函数: ",np.amax(a))
```

运行结果如下：

```
amin() 函数:  [3 3 2]
amin() 函数:  [2 4 3]
amax() 函数:  9
```

除此之外，还可以使用 numpy.ptp() 函数计算数组中元素最大值与最小值的差。计算数组中元素最大值与最小值的差，具体代码如下：

```
import numpy as np
a = np.array([[3,7,5],[8,4,3],[2,4,9]])
print(np.ptp(a))
print(np.ptp(a,axis= 1))
print(np.ptp(a,axis= 0))
```

运行结果如下：

```
7
[4 5 7]
[6 3 6]
```

NumPy 在处理数据时还提供了排序、去重等手段函数。对数组进行排序，具体代码如下：

```
import numpy as np
arr = np.random.randint(1,10,size = 10)
print(" 排序前的数组为: ",arr)
arr.sort()
print(" 排序后的数组为: ",arr)
arr_1 = np.random.randint(1,20,size=(3,3))
print(" 排序前的数组为 \n",arr_1)
arr_1.sort(axis=1)
print(" 沿着横轴排序后的数组为 \n",arr_1)
arr_2 = np.random.randint(1,20,size=(3,3))
```

```
print("排序前的数组为\n",arr_2)
arr_2.sort(axis=0)
print("沿着纵轴排序后的数组为\n",arr_2)
```

运行结果如下：

```
排序前的数组为:  [2 4 7 1 7 3 5 9 7 8]
排序后的数组为:  [1 2 3 4 5 7 7 7 8 9]
排序前的数组为
 [[17  9 11]
 [19 16  8]
 [14 15  3]]
沿着横轴排序后的数组为
 [[ 9 11 17]
 [ 8 16 19]
 [ 3 14 15]]
排序前的数组为
 [[ 2 17 11]
 [ 1 10  5]
 [11  7  4]]
沿着纵轴排序后的数组为
 [[ 1  7  4]
 [ 2 10  5]
 [11 17 11]]
```

对数组进行去重，具体代码如下：

```
import numpy as np
names = np.array(["小千","闹闹","小峰","小千","小可","小华","小千","小名"])
print("去重前的数组为：",names)
print("去重后的数组为：",np.unique(names))
print("去重后的数组为：",sorted(set(names)))
num = np.array([1,3,5,2,6,1,5,8])
print("去重前的数组为：",num)
print("去重后的数组为：",np.unique(num))
print("去重后的数组为：",sorted(set(num)))
```

运行结果如下：

```
去重前的数组为:  ["小千" "闹闹" "小峰" "小千" "小可" "小华" "小千" "小名"]
去重后的数组为:  ["小千" "小华" "小可" "小名" "小峰" "闹闹"]
去重后的数组为:  ["小千", "小华", "小可", "小名", "小峰", "闹闹"]
去重前的数组为:  [1 3 5 2 6 1 5 8]
去重后的数组为:  [1 2 3 5 6 8]
去重后的数组为:  [1, 2, 3, 5, 6, 8]
```

任务分析

现假设老鼠只能前进或者后退，并以“1”和“-1”来代表这两种行为，老鼠的总步数为 1 000 步。因此，这里首先使用 random 模块创建一个只有 1 和 -1 的随机数据集，并计算老鼠“漫步”的步长累计值。

视 频

随机漫步项目

任务实施

利用 NumPy 相关知识去获取老鼠在“漫步”时留下的一些信息，代码如下：

```
import numpy as np
import matplotlib.pyplot as plt
import pylab
import random

nsteps = 1000
draws = np.random.randint(0,2,size=nsteps)
steps = np.where(draws>0,1,-1)
walk = steps.cumsum()
print(walk)

x = np.arange(nsteps)
y = walk
plt.plot(x,y,color="red",linewidth = 1)
plt.xlabel("steps")
plt.ylabel("posotion")
plt.title("random walk")
plt.xlim(0,1000)
pylab.show()
```

运行结果如下：

```
[  1   0  -1   0   1   2   3   2   3   4   3   4   5   6   5   4   3   2
   1   0  -1   0   1   2   1   2   1   0   1   0  -1  -2  -1   0  -1  -2
  -3  -4  -3  -4  -3  -2  -3  -2  -1   0  -1   0   1   2   3   4   3   2
   1   0   1   2   1   2   3   4   5   4   5   6   5   4   3   4   5   4
   5   6   7   8   7   6   5   6   5   4   3   2   1   2   1   0   1   2
   3   4   3   4   5   4   3   4   5   6   5   6   7   8   7   6   5   6
   7   8   7   6   5   6   5   4   5   6   7   8   9  10  11  12  11  12
  11  10   9   8   9  10  11  12  13  12  11  10  11  12  13  14  15  16
  15  14  13  12  11  12  11  12  11  12  13  14  15  14  15  14  13  12
  11  10  11  12  13  12  13  12  11  10   9   8   9  10  11  10   9  10
   9   8   7   8   9  10   9  10  11  10   9   8   7   6   5   4   5   6
   7   8   7   8   7   8   9   8   9  10  11  12  11  10  11  12  13  14
  15  16  15  16  17  18  17  18  19  20  19  20  21  20  19  18  19  18
  19  18  17  16  15  14  13  12  13  14  13  14  13  12  13  12  11  10
   9  10   9  10   9   8   7   8   9  10  11  10  11  10  11  12  11  10
  11  12  11  12  13  12  13  12  13  14  13  14  15  16  15  16  17  16
  17  18  17  16  15  16  15  16  15  16  15  16  15  14  13  12  13  12
  11  12  11  10   9  10   9   8   7   8   7   6   5   6   5   6   5   6
   5   6   7   8   7   6   7   6   7   6   7   6   5   4   3   2   1   0
  -1  -2  -1  -2  -3  -4  -5  -6  -5  -4  -3  -2  -1  -2  -3  -4  -5  -6
  -7  -6  -7  -6  -5  -4  -5  -4  -5  -6  -5  -6  -5  -6  -7  -8  -7  -8
  -9 -10  -9 -10 -11 -10  -9  -8  -7  -6  -5  -4  -3  -4  -5  -4  -3  -2
  -1  -2  -3  -2  -1   0  -1   0  -1  -2  -1  -2  -1  -2  -3  -2  -1   0
  -1  -2  -1  -2  -1   0  -1   0   1   0  -1  -2  -3  -4  -3  -4  -3  -4
```

```
  -3  -4  -3  -2  -1  -2  -3  -2  -3  -4  -5  -6  -5  -6  -5  -4  -3  -2
  -1   0   1   0  -1   0  -1   0   1   0   1   0   1   0  -1   0  -1  -2
  -1  -2  -3  -4  -5  -6  -5  -6  -5  -4  -3  -4  -5  -4  -3  -2  -3  -2
  -3  -2  -1  -2  -1   0   1   0   1   2   1   2   3   2   1   2   3   2
   3   2   1   2   1   0   1   2   1   2   1   2   3   4   5   4   5   6
   7   6   7   6   5   6   7   6   5   6   5   6   5   4   5   6   7   6
   5   4   5   4   3   4   5   4   5   4   3   2   3   2   3   4   5   6
   7   6   5   6   7   6   7   8   7   6   5   6   7   8   7   6   5   6
   5   6   7   8   7   8   9  10   9  10   9  10   9   8   9  10   9   8
   9  10   9  10   9   8   7   6   7   6   7   8   9  10   9  10   9  10
  11  12  13  14  13  12  13  14  15  16  15  14  15  16  15  14  15  16
  15  16  15  14  13  14  15  16  15  14  13  14  15  16  15  14  15  16
  15  16  17  16  15  16  15  16  15  16  17  16  15  16  17  18  17  18
  19  20  21  22  23  22  21  22  23  22  21  22  21  22  21  22  23  22
  23  22  23  24  23  22  23  24  25  24  23  22  21  22  21  22  21  22
  21  22  21  20  21  20  19  20  19  20  21  22  21  20  19  20  21  20
  21  22  23  22  21  22  23  22  21  20  21  20  19  18  19  18  19  20
  21  22  21  20  19  20  19  18  17  16  15  16  17  18  19  18  19  20
  19  18  17  18  17  18  19  20  19  20  19  20  19  18  17  16  15  14
  15  14  15  14  15  14  15  14  15  16  15  16  15  16  15  14  13  14
  15  14  13  12  13  12  13  12  11  12  11  12  13  14  13  12  13  12
  13  12  13  14  15  16  17  18  19  18  19  18  17  18  17  16  17  18
  17  18  19  20  19  20  21  20  19  20  21  20  21  20  19  18  19  18
  17  16  15  16  15  14  15  16  17  18  19  20  21  20  21  22  21  22
  21  22  21  20  21  22  23  22  21  22  23  24  23  22  23  22  23  24
  25  24  25  26  27  28  27  28  27  26  25  26  25  26  25  26  25  26
  27  26  25  24  25  24  25  24  25  26  27  28  29  30  29  28  29  30
  31  30  31  32  31  32  31  30  31  30  31  30  31  32  33  32  33  32
  33  34  33  34  35  34  35  34  33  32  33  34  33  34  35  34  33  34
  33  32  33  34  33  34  33  32  31  30  31  30  29  28  29  28  27  28
  29  28  27  26  25  24  23  24  25  24  23  22  21  20  19  18  19  18
  17  16  17  16  17  18  19  18  19  18]
```

由于原数据长度过长，故以上程序运行结果将部分数据省去。

现在，我们得到了老鼠走过的“路程”。但是为了使数据更加直观，使用 Matplotlib 库生成一个二维折线图来表示老鼠走过的“路程”，如图 5-2 所示。

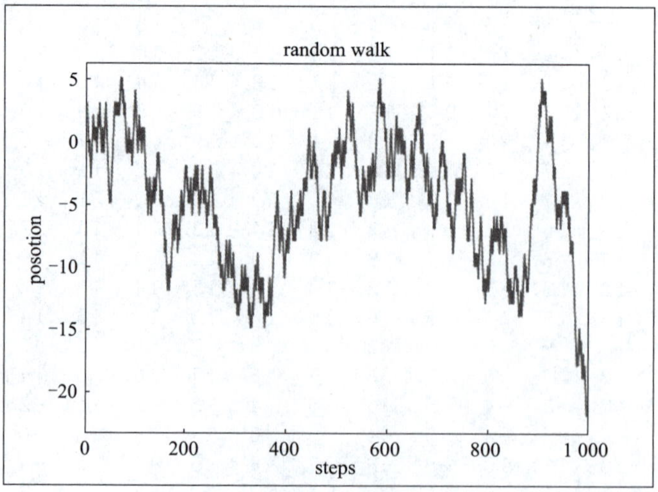

图 5-2　随机漫步项目结果图

任务二　Pandas 数据分析——豆瓣读书数据处理与分析

任务描述

豆瓣读书是豆瓣网的一个子栏目，上线于 2005 年，已成为国内信息较全、用户数据量较大且较活跃的在线读书社区。

根据豆瓣读书数据情况将数据集进行预处理，包括异常数据清洗、数据类型转换，以及根据直观数据进行初步数据分析。

相关知识

Pandas 提供了大量快速处理结构化数据的数据结构与函数，它是使 Python 成为强大而有效的数据分析工具的重要因素之一。Pandas 是一个开放源代码、BSD 许可的库，提供高性能、易于使用的数据结构和数据分析工具。Pandas 这个名字源自术语 “panel data”（面板数据）和 “Python data analysis”（Python 数据分析），其基础是 NumPy（提供高性能的矩阵运算）。Pandas 可以导入如 CSV、JSON、SQL、Excel 等各种文件格式的数据，并可以对各种数据进行运算操作，如归并、再成形、选择等，还可以进行数据清洗和数据加工。因此 Pandas 被广泛应用于学术、金融、统计学等各个数据分析领域。

Pandas 是 Python 数据分析的核心支持库，提供了快速、灵活、明确的数据结构，旨在简单、直观地处理关系型、标记型数据。Pandas 的目标是成为 Python 数据分析实践与实战的必备高级工具，其长远目标是成为强大、灵活、可支持任何语言的开源数据分析工具。

1.Pandas 数据结构的基本操作

Pandas 有两种常用的数据结构——Series 与 DataFrame。Series 是一种类似于一维数组的对象，它由一组数据（即各种 NumPy 数据类型）和一组与之相关的数据标签（即索引）组成。DataFrame 是一个表格型的数据结构，它含有一组有序的列，每列可以是不同的值类型（数值型、字符串型、布尔型等）。DataFrame 既有行索引也有列索引，它可以被看作由 Series 组成的字典（共同用一个索引）。接下来对 Pandas 数据结构的基本操作进行详细讲解。

1）Series 对象的创建

Pandas 中的 Series 类似于 NumPy 中的一维数组，可以保存任何数据类型。同 NumPy 一样，Pandas 也提供了创建对应数据类型的基本类，Series 对象的创建语法格式如下：

```
    pandas.Series(data=None,index=None,dtype=None,name=None,copy=False,
fastpath=False)
```

Series 的部分参数说明见表 5-5。

表 5-5　Series 的部分参数说明

参　数	说　明
data	存储在 Series 中的数据。如果 data 是一个字典，则保持参数顺序
index	数据索引。如果不指定，默认从 0 开始
dtype	输出 Series 的数据类型。如果未指定，将从 data 推断
name	赋予 Series 的名称
copy	复制输入数据。仅复制 Series 或一维 Ndarray

直接通过 Series 类创建数据，具体代码如下：

```
from pandas import Series
ser = Series([1,2,3,4,5])
print(ser)
```

运行结果如下：

```
0    1
1    2
2    3
3    4
4    5
dtype: int64
```

当以字典类型创建 Series 数据时，具体代码如下：

```
from pandas import Series
ser = Series({"a":1,"b":2,"c":3,"d":4,"e":5})
print(ser)
```

运行结果如下：

```
a    1
b    2
c    3
d    4
e    5
dtype: int64
```

当以列表的形式创建 Series 数据时，列表中的每个数据都默认添加了索引；当以字典的形式创建 Series 数据时，字典中的键默认作为索引。

当需要添加指定索引时，可以使用 Series 类中的 index 参数去指定数据的索引，具体代码如下：

```
from pandas import Series
ser = Series([1,2,3,4,5],index=[2,3,4,5,6])
print(ser)
```

运行结果如下：

```
2    1
3    2
4    3
5    4
6    5
dtype: int64
```

2）Series 对象的属性

Series 对象常用属性包含两大类：索引与数据。Series 对象的属性见表 5-6。

表 5-6　Series 对象的属性

属　性	说　明
values	存储在 Series 中的数据。如果 values 是一个字典，则保持参数顺序
index	数据索引。如果不指定，默认从 0 开始
dtype	输出 Series 的数据类型。如果未指定，将从 data 推断
name	赋予 Series 的名称
index.name	索引的名称

下面来具体说明 Series 对象属性的用法。

使用 values 可以查看 Series 对象 ser 的数据，使用 index 可以查看 ser 的索引，具体代码如下：

```
from pandas import Series
print(ser.values)
print(ser.index)
```

运行结果如下：

```
[1 2 3 4 5]
Index([2, 3, 4, 5, 6], dtype="int64")
```

查看指定索引，具体代码如下：

```
from pandas import Series
print(ser[3])
print(ser[4])
```

运行结果如下：

```
2
3
```

除了以上可以查看的数据与索引，还可以对 Series 对象查看元素数据类型、查看形状以及查看该对象占用了多少字节等，具体代码如下：

```
from pandas import Series
print(ser.dtype)
print(ser.shape)
print(ser.nbytes)
```

运行结果如下：

```
int64
(5,)
40
```

pandas.Series 可以进行 Series 对象与常数、Series 对象与 Series 对象之间的基本运算，也可以进行简单的成分判断与筛选，具体代码如下：

```
ser = Series([1,2,3,4,5])
ser_2 = Series([1,2,3,4,5])
print(ser + 1)
print("*"*10)
print(ser - 1)
print("*"*10)
print(ser * 2)
print("*"*10)
print(ser / 2)
print("*"*10)
print(ser + ser_2)
print("*"*10)
print(ser - ser_2)
print("*"*10)
print(ser * ser_2)
print("*"*10)
print(ser / ser_2)
print("*"*10)
print(3 in ser)
print("*"*10)
print(ser[ser>3])
```

运行结果如下：

```
0    2
1    3
2    4
3    5
4    6
dtype: int64
**********
0    0
1    1
2    2
3    3
4    4
dtype: int64
**********
0     2
1     4
2     6
3     8
4    10
dtype: int64
**********
0    0.5
1    1.0
2    1.5
3    2.0
4    2.5
dtype: float64
```

```
**********
0     2
1     4
2     6
3     8
4    10
dtype: int64
**********
0    0
1    0
2    0
3    0
4    0
dtype: int64
**********
0     1
1     4
2     9
3    16
4    25
dtype: int64
**********
0    1.0
1    1.0
2    1.0
3    1.0
4    1.0
dtype: float64
**********
True
**********
3    4
4    5
dtype: int64
```

3）DataFrame 对象的创建

Pandas 中另一个重要的数据类型为 DataFrame。DataFrame 对象的创建语法格式如下：

```
pandas.DataFrame(data,index,columns,dtype,copy)
```

DataFrame 的部分参数说明见表 5-7。

表 5-7　DataFrame 的部分参数说明

参　数	说　明
data	数据本身（Ndarray、Series、map、list、dict 等类型）
index	索引
columns	列名，默认为 RangeIndex(0,1,2,…,n)
dtype	数据类型
copy	复制数据，默认值为 False

要创建一个 DataFrame 对象，首先需要建立原始数据，通常原始数据以字典的形式创建，具体代码如下：

```
from pandas import Series
from pandas import DataFrame
dic = {"姓名":["小千","小峰","小亮","小可"],
       "性别":["男","男","男","女"],
       "数学成绩":[89,90,98,94],
       "语文成绩":[81,87,93,95]}
print(dic)
```

运行结果如下：

```
{"姓名": ["小千", "小峰", "小亮", "小可"],
"性别": ["男", "男", "男", "女"],
"数学成绩": [89, 90, 98, 94],
"语文成绩": [81, 87, 93, 95]}
```

通常一组字典数据可以直接用来创建 DataFrame 类型数据，具体代码如下：

```
from pandas import Series
from pandas import DataFrame
df = DataFrame(dic)
print(df)
```

运行结果如下：

```
   姓名 性别  数学成绩  语文成绩
0  小千  男     89      81
1  小峰  男     90      87
2  小亮  男     98      93
3  小可  女     94      95
```

通过字典创建 DataFrame 数据时，字典中的键自动作为列的索引，同时生成行索引。

当需要改变 DataFrame 数据中列的顺序时，可以通过直接指定列名来创建 DataFrame 数据，具体代码如下：

```
from pandas import Series
from pandas import DataFrame
df = DataFrame(dic,columns=["性别","姓名","语文成绩","数学成绩"])
print(df)
```

运行结果如下：

```
  性别  姓名  语文成绩  数学成绩
0  男   小千    81      89
1  男   小峰    87      90
2  男   小亮    93      98
3  女   小可    95      94
```

4）DataFrame 对象的基本操作

（1）DataFrame 对象的行列操作。在进行数据分析工作前，需要进行数据的清洗，其中不免需要对一组数据中的指定数据进行增、删、改、查等操作，这时通常会涉及对某行或者某列进行操作。

查看行、列数据，具体代码如下：

```
from pandas import Series
from pandas import DataFrame
dic = {"姓名":["小千","小峰","小亮","小可"],
       "性别":["男","男","男","女"],
       "数学成绩":[89,90,98,94],
       "语文成绩":[81,87,93,95]}
df = DataFrame(dic,columns=["性别","姓名","语文成绩","数学成绩"])
print(df)
print("*"*10)
print(df["姓名"])
print("*"*10)
print(df.iloc[[2]])
```

运行结果如下：

```
  性别  姓名  语文成绩  数学成绩
0  男   小千    81      89
1  男   小峰    87      90
2  男   小亮    93      98
3  女   小可    95      94
**********
0    小千
1    小峰
2    小亮
3    小可
Name: 姓名, dtype: object
**********
  性别  姓名  语文成绩  数学成绩
2  男   小亮    93      98
```

Pandas 模块提供了“[]”运算符进行数据的直接赋值操作。当进行数据清洗操作时，若某行或者某列的数据需要修改，可以对其进行直接赋值操作，具体代码如下：

```
df["评价"] = "优"
print(df)
```

运行结果如下：

```
  性别  姓名  语文成绩  数学成绩 评价
0  男   小千    81      89     优
1  男   小峰    87      90     优
2  男   小亮    93      98     优
3  女   小可    95      94     优
```

当需要修改整行数据时，可以使用 iloc[] 函数，具体代码如下：

```
df["评价"] = "良"
df.iloc[[2]] = ["女","小明",93,98,"优"]
print(df)
```

运行结果如下：

```
   性别  姓名  语文成绩  数学成绩 评价
0  男   小千    81       89     良
1  男   小峰    87       90     良
2  女   小明    93       98     优
3  女   小可    95       94     良
```

当需要修改某行或者某列的数据时，只要对其进行重新赋值即可实现修改操作。

当一组数据中存在脏数据时，在不影响数据分析结果的情况下，需要将其删去，具体代码如下：

```
df = df.drop(2,axis=0)
print(df)
```

运行结果如下：

```
   性别  姓名  语文成绩  数学成绩 评价
0  男   小千    81       89     良
1  男   小峰    87       90     良
3  女   小可    95       94     良
```

将 DataFrame 恢复为之前的形状，然后进行“评价”列的删除操作，具体代码如下：

```
df = df.drop("评价",axis=1)
print(df)
```

运行结果如下：

```
   性别  姓名  语文成绩  数学成绩
0  男   小千    81       89
1  男   小峰    87       90
3  女   小可    95       94
```

（2）DataFrame 对象的 NaN 值填充操作。在创建 DataFrame 对象时，经常会有某一行或者某一列出现 NaN 值（空值），此时需要对 NaN 值进行填充操作。

NaN 值填充，具体代码如下：

```
from pandas import Series
from pandas import DataFrame
dic = {"姓名":["小千","小峰","小亮","小可"],
       "性别":["男","男","男","女"],
       "数学成绩":[89,90,98,94],
       "语文成绩":[81,87,93,95],
```

```
        "评价":["良","良","优","良"]}
    df = DataFrame(dic,columns=["姓名","性别","数学成绩","语文成绩","评价","平均成绩"])
    print(df)
```

运行结果如下：

```
      姓名 性别  数学成绩  语文成绩  评价  平均成绩
    0 小千  男     89       81     良    NaN
    1 小峰  男     90       87     良    NaN
    2 小亮  男     98       93     优    NaN
    3 小可  女     94       95     良    NaN
```

由运行结果可见，当创建一个 DataFrame 对象，其中的某一行或列的元素没有被赋值时，那么这一行或列中就会出现 NaN 值。

（3）DataFrame 对象的转置。同 NumPy 的矩阵转置一样，DataFrame 对象的转置也可以通过访问 T 属性来实现，语法格式如下：

```
    print(df.T)
```

运行结果如下：

```
              0     1     2     3
    姓名     小千  小峰  小亮  小可
    性别      男    男    男    女
    数学成绩  89    90    98    94
    语文成绩  81    87    93    95
    评价      良    良    优    良
    平均成绩  0     0     0     0
```

2.Pandas 的计算与统计

在实际开发过程中，要使数据变得“规整”，计算与统计环节必不可少。数据的计算与汇总可以很大程度地提高数据分析的准确性与高效性。通过数据统计，我们可以找出数据潜在的规律，从而提炼出对分析目标有意义与指导价值的数据。

1）DataFrame 对象的基本计算

DataFrame 对象的计算是多维度的，与 Series 对象的计算方式类似，DataFrame 对象同样支持基本的四则运算。

创建 DataFrame 对象，具体代码如下：

```
    from pandas import Series
    from pandas import DataFrame
    list1 = [[1,2,3,4,5],[6,7,8,9,0],[2,4,6,8,0],[1,3,5,7,9]]
    df_1 = DataFrame(list1,columns=["A","B","C","D","E"])
    df_2 = DataFrame(list1,columns=["A","B","C","D","E"])
    print(df_1)
    print(df_2)
```

运行结果如下：

```
   A  B  C  D  E
0  1  2  3  4  5
1  6  7  8  9  0
2  2  4  6  8  0
3  1  3  5  7  9
   A  B  C  D  E
0  1  2  3  4  5
1  6  7  8  9  0
2  2  4  6  8  0
3  1  3  5  7  9
```

对创建完成的两组 DataFrame 数据进行基本运算，具体代码如下：

```
print(df_1 + df_2)
print("*"*10)
print(df_1 - df_2)
print("*"*10)
print(df_1 * df_2)
print("*"*10)
print(df_1 / df_2)
print("*"*10)
```

运行结果如下：

```
    A   B   C   D   E
0   2   4   6   8  10
1  12  14  16  18   0
2   4   8  12  16   0
3   2   6  10  14  18
**********
   A  B  C  D  E
0  0  0  0  0  0
1  0  0  0  0  0
2  0  0  0  0  0
3  0  0  0  0  0
**********
    A   B   C   D   E
0   1   4   9  16  25
1  36  49  64  81   0
2   4  16  36  64   0
3   1   9  25  49  81
**********
     A    B    C    D    E
0  1.0  1.0  1.0  1.0  1.0
1  1.0  1.0  1.0  1.0  NaN
2  1.0  1.0  1.0  1.0  NaN
3  1.0  1.0  1.0  1.0  1.0
**********
```

DataFrame 对象之间的基本运算发生在元素与元素之间，其中除法运算的被除数若为 0，结果为 NaN 值。

2）DataFrame 对象与 Series 对象之间的基本计算

Pandas 支持不同数据类型之间的计算，Series 对象与 DataFrame 对象之间即为单维度数据与多维度数据的计算。

创建 DataFrame 对象与 Series 对象，具体代码如下：

```
from pandas import Series
from pandas import DataFrame
list1 = [[1,2,3,4,5],[6,7,8,9,0],[2,4,6,8,0],[1,3,5,7,9]]
df_1 = DataFrame(list1,columns=["A","B","C","D","E"])
print(df_1)
print("*"*10)
ser_1 = Series([1,2,3,4,5],index=["A","B","C","D","E"])
print(ser_1)
```

运行结果如下：

```
   A  B  C  D  E
0  1  2  3  4  5
1  6  7  8  9  0
2  2  4  6  8  0
3  1  3  5  7  9
**********
A    1
B    2
C    3
D    4
E    5
dtype: int64
```

对创建完成的 DataFrame 对象与 Series 对象进行基本的四则运算，具体代码如下：

```
print(df_1 + ser_1)
print("*"*10)
print(df_1 - ser_1)
print("*"*10)
print(df_1 * ser_1)
print("*"*10)
print(df_1 / ser_1)
print("*"*10)
```

运行结果如下：

```
   A  B   C   D   E
0  2  4   6   8  10
1  7  9  11  13   5
2  3  6   9  12   5
3  2  5   8  11  14
**********
```

```
   A  B  C  D  E
0  0  0  0  0  0
1  5  5  5  5 -5
2  1  2  3  4 -5
3  0  1  2  3  4
**********
   A   B   C   D   E
0  1   4   9  16  25
1  6  14  24  36   0
2  2   8  18  32   0
3  1   6  15  28  45
**********
     A    B         C     D    E
0  1.0  1.0  1.000000  1.00  1.0
1  6.0  3.5  2.666667  2.25  0.0
2  2.0  2.0  2.000000  2.00  0.0
3  1.0  1.5  1.666667  1.75  1.8
**********
```

3）Pandas 中常用的统计方法

数据分析面对的往往是一组杂乱的数据，此时需要提炼出这组数据中隐藏的有价值的信息。Pandas 有一些统计方法可用于从 Series 中提取单个值，或者从 DataFrame 的行或列中提取一个 Series。下面通过示例讲解一些常用的统计函数的使用方法。

（1）创建含有 NaN 值的 DataFrame 对象，并对其进行统计操作，具体代码如下：

```
from pandas import Series
from pandas import DataFrame
dic = {"姓名":["小千","小峰","小亮","小可"],
       "性别":["男","男","男","女"],
       "数学成绩":[89,90,98,94],
       "语文成绩":[81,87,93,95],
       "评价":["良","良","优","良"]}
df  = DataFrame(dic,columns=["姓名","性别","数学成绩","语文成绩","评价","
平均成绩"])
df.sum(axis=1)
print("\n")
print(df.sum())
```

运行结果如下：

```
姓名        小千  小峰  小亮  小可
性别         男    男    男    女
数学成绩          371
语文成绩          356
评价         良    良    优    良
平均成绩            0
dtype: object
```

创建的 DataFrame 中存在列索引为“平均成绩”的 NaN 值数据，Pandas 提供了 mean() 函数进行求均值操作，具体代码如下：

```
from pandas import Series
from pandas import DataFrame
df = DataFrame(dic,columns=["性别","姓名","语文成绩","数学成绩"])
print(df)
```

运行结果如下：

```
   性别  姓名  语文成绩  数学成绩
0  男   小千    81      89
1  男   小峰    87      90
2  男   小亮    93      98
3  女   小可    95      94
```

由运行结果可以看到，“平均成绩”这一列已使用均值填充完毕。

分别求“数学成绩”列和“语文成绩”列数据的均值，具体代码如下：

```
df.mean(axis=1)
```

（2）分别求最大值与最小值。

Pandas 提供了 max() 函数与 min() 函数，用于求每行或者每列的最大值与最小值。

```
df["数学成绩"].max()                  #数学成绩最大值
df["数学成绩"].min()                  #数学成绩最小值
```

求某行的最小值与最大值时，在函数参数中加上 axis=1 即可。

（3）多种汇总统计。

Pandas 还提供了 describe() 函数来一次性产生多个汇总统计，其语法格式如下：

```
print(df["数学成绩"].describe())
```

运行结果如下：

```
count   4.000000
mean    92.750000
std     4.112988
min     89.000000
25%     89.750000
50%     92.000000
75%     95.000000
max     98.000000
```

（4）数据分组统计。

分组统计是数据分析中常用的操作，为此 Pandas 提供了 groupby() 函数，对分组结果可以应用 sum()、mean()、count() 等函数。

groupby() 函数根据给定的条件将数据拆分成组，每个组都可以应用函数，结果可以合并到一个数据结构中，其语法格式如下：

```
DataFrame.groupby(by=None,axis=0,level=None,as_index=True,sort=True,group_
keys=True,squeeze=NoDefault.no_default,observed=False,dropna=True)
```

groupby() 函数的部分参数说明见表 5-8。

表 5-8 groupby() 函数的部分参数说明

参 数	说 明
by	用于确定分组条件
axis	沿行（0）或列（1）拆分
level	在多层索引的情况下，用来指定在哪个索引级别上进行分组
参数	说明
sort	对组键进行排序
group_keys	当调用 applyO 时，将组键添加到 index 以识别字段
dropna	如果为 True，并且组键包含 NaN 值，则 NaN 值连同行 / 列被删除；如果为 False，NaN 值也被视为组中的键

具体代码如下：

```
df.groupby("性别")
```

当对数据中的“性别”列进行 groupby() 操作时，返回的结果是其内存地址，并不利于直观地理解。为了看看 group 内部究竟是什么，这里把 group 转换成 list 的形式，具体代码如下：

```
list(df.groupby("性别"))
```

运行结果如下：

```
 [("女",
      姓名    性别  数学成绩  语文成绩  评价  平均成绩  总成绩
3     小可    女     94        95       良     NaN     189),
("男",
      姓名    性别  数学成绩  语文成绩  评价  平均成绩  总成绩
0     小千    男     89        81       良     NaN     170
1     小锋    男     90        87       良     NaN     177
2     小亮    男     98        93       优     NaN     191)]
```

由运行结果可知，列表由两个元组组成，由“性别”分出两个元组；每个元组中，第一个元素为性别，之后的元素为 DataFrame 数据。

groupby() 函数的执行过程就是将原有的 DataFrame 按照字段划分为若干个组，被分为多少个组就有多少个分组 DataFrame。因此，在 groupby() 之后的一系列操作，均是基于分组 DataFrame 的操作。

3.Pandas 其他常用函数

在日常开发中，Pandas 还可以完成数据去重、数据排序、数据合并以及日期数据处理等常用操作。

1）Pandas 数据重复值处理

对于数据中存在的重复数据，包括某几行或者某几列的数据重复，一般应做删除处理。使用 drop_duplicates() 函数可以查找和删除数据的重复行或重复列。

创建一组具有重复值的模拟数据，具体代码如下：

```
from pandas import Series
from pandas import DataFrame
dic = {"姓名":["小千","小峰","小峰","小可"],
       "性别":["男","男","男","女"],
       "数学成绩":[89,90,90,94],
       "语文成绩":[81,87,87,95],
       "评价":["良","良","良","良"]}
df = DataFrame(dic,columns=["姓名","性别","数学成绩","语文成绩","评价"])
print(df)
```

运行结果如下：

```
   姓名 性别  数学成绩  语文成绩 评价
0  小千  男    89        81      良
1  小峰  男    90        87      良
2  小峰  男    90        87      良
3  小可  女    94        95      良
```

由运行结果可知，这组数据中第 2 行数据与第 3 行数据重复，通常需要做删除操作。判断数据每一行是否重复，具体代码如下：

```
print(df.duplicated())
```

运行结果如下：

```
0    False
1    False
2     True
3    False
dtype: bool
```

由运行结果可见，duplicated() 函数运行后返回了布尔型数据，其中 False 代表该行数据不存在重复值，True 代表该行数据存在重复值。

对于重复值，需要使用 drop_duplicates() 函数进行删除操作，具体代码如下：

```
print(df.drop_duplicates())
```

运行结果如下：

```
   姓名 性别  数学成绩  语文成绩 评价
0  小千  男    89        81      良
1  小峰  男    90        87      良
3  小可  女    94        95      良
```

由运行结果可见，drop_duplicates() 函数运行后删除了数据中存在的重复行。

2）Pandas 数据排序

在实际开发中，通常需要将数据按照一定的顺序排列。DataFrame 数据排序主要使用 sort_values() 函数，该函数类似于 SQL 中的 orderby, 可以对 DataFrame 的指定行或者指定列进行升序或降序的排列。

sort_values() 函数的语法格式如下。

```
DataFrame.sort_values(by="##",axis=0,ascending=True,inplace=False,na_position="last")
```

sort_values() 函数的主要参数说明见表 5-9。

表 5-9 sort_values() 函数的主要参数说明

参数	说明
by	指定列索引（axis=0/'index'）或行索引（axis=I/'columns'）
axis	若 axis=0/'index'，则按照指定列中数据大小排序；若 axis=I/'columns'，则按照指定行中数据大小排序。默认 axis=0
ascending	是否按升序排列，默认值为 True，即升序排列
inplace	是否用排序后的数据集替换原来的数据，默认值为 False，即不替换
na_position	{'first','last'}，设置缺失值的显示位置

创建一组模拟数据，具体代码如下：

```
from pandas import Series
from pandas import DataFrame
dic = {"姓名":["小千","小峰","小亮","小可","小丽"],
       "性别":["男","男","男","女","女"],
       "数学成绩":[89,90,98,94,92],
       "语文成绩":[81,87,93,95,98],
       "评价":["良","良","优","良","优"]}
df = DataFrame(dic,columns=["姓名","性别","数学成绩","语文成绩","评价"])
print(df)
```

运行结果如下：

```
   姓名 性别  数学成绩  语文成绩 评价
0  小千  男    89      81     良
1  小峰  男    90      87     良
2  小亮  男    98      93     优
3  小可  女    94      95     良
4  小丽  女    92      98     优
```

新增“总成绩”列，并依据总成绩对数据进行降序排列，具体代码如下：

```
df["总成绩"] = df["数学成绩"] + df["语文成绩"]
df = df.sort_values(by = "总成绩",ascending=False)
print(df)
```

运行结果如下：

```
   姓名 性别  数学成绩  语文成绩 评价  总成绩
2  小亮  男    98      93     优    191
4  小丽  女    92      98     优    190
3  小可  女    94      95     良    189
1  小峰  男    90      87     良    177
0  小千  男    89      81     良    170
```

有时数据排序的基准不止一列数据，例如，针对已经创建的模拟数据中的“性别”与“总成绩”进行排序，来分别获得男生与女生的排名，具体代码如下：

```
df = df.sort_values(by=["性别","总成绩"],ascending = [False,False])
print(df)
```

运行结果如下：

```
    姓名 性别  数学成绩  语文成绩 评价  总成绩
2   小亮   男    98      93   优   191
1   小峰   男    90      87   良   177
0   小千   男    89      81   良   170
4   小丽   女    92      98   优   190
3   小可   女    94      95   良   189
```

由运行结果可见，已经对男生与女生的总成绩分别进行降序排名，其中男生第一名为小亮，总成绩为 191 分；女生第一名为小丽，总成绩为 190 分。

在面对大量数据时，可能需要对数据基于某列进行总的排名。现在使用 Pandas 创建 100 条职业数据，具体代码如下：

```
import pandas as pd
import numpy as np
df = pd.DataFrame()
size = 100
df["ID"] = np.random.randint(100000,200000,size)
df["年龄"] = np.random.randint(0,100,size)
df["体重"] = np.random.randint(3,150,size)
df["职业"] = np.random.choice(["医生","教师","工程师","职员","高管","自由职业"],size)
df["学历"] = np.random.choice(["高中","专科","本科","研究生(硕士)","研究生(博士)"],size)
df["工资"] = np.random.randint(3000,30000,size)
print(df)
print(type(df))
```

运行结果如下：

```
        ID  年龄  体重   职业       学历      工资
0   185627  20   66   工程师  研究生(博士)  17765
1   164388  73   30    教师   研究生(硕士)   9987
2   149354  68  120   工程师     专科     26426
3   186147  34  127    教师     专科     27229
4   108278  58  130   工程师     本科     18823
..     ...  ..  ...    ...     ..       ...
95  175283  30   10    职员     专科      3684
96  103461  79   53    医生     高中     14893
97  138174  65  121    高管     专科     17550
98  187686  94   62   工程师     专科     20115
99  166573  36   14   工程师     专科     21731

[100 rows x 6 columns]
```

现创建了 100 条关于职业的模拟数据，要对这些数据根据“工资”进行排名。排名通常使用 Pandas.rank() 函数，该函数的语法格式如下：

```
DataFrame.rank(axis=0,method='average',numeric_only=None,na_option='keep',a
scending=True,pct=False)
```

rank() 函数的部分参数说明见表 5-10。

表 5-10 rank() 函数的部分参数说明

参　数	说　明
axis	直接排名的索引
numeric_only	对于 DataFrame 对象，如果设置为 True，则仅对数字列进行排名
na_option	对 NaN 值进行排序
pct	布尔型，默认值为 False，是否以百分比形式显示返回的排名

（1）使用 rank() 函数进行顺序排名的具体代码如下：

```
df = df.sort_values(by=" 工资 ",ascending=False)
df[" 顺序排名 "] = df[" 工资 "].rank(method="first",ascending=False)
print(df)
```

运行结果如下：

```
          ID  年龄   体重   职业        学历        工资   顺序排名
32  180509  27   131   教师   研究生（硕士）   29985     1.0
8   137520  30   100   教师   研究生（硕士）   29767     2.0
75  124339  19    10  工程师       高中       29350     3.0
56  196867  96    96   高管   研究生（硕士）   29238     4.0
7   134986  97    98   医生   研究生（博士）   29183     5.0
..     ...  ..   ...   ...        ..         ...     ...
64  143800  16    91   教师   研究生（博士）    7180    96.0
36  104617  41   115  工程师  研究生（博士）    4850    97.0
92  180382  68    36   教师      专科          4379    98.0
95  175283  90    10   职员      专科          3684    99.0
59  106838  82    55   职员      高中          3615   100.0

[100 rows x 7 columns]
```

（2）平均排名是在数据相同时的顺序排名的平均值。使用 rank() 函数进行平均排名的具体代码如下：

```
df[" 平均排名 "] = df[" 工资 "].rank(ascending=False)
print(df)
```

运行结果如下：

```
        ID  年龄  体重  职业       学历        工资  顺序排名   平均排名
32  180509  27  131  教师   研究生（硕士）  29985    1.0      1.0
8   137520  30  100  教师   研究生（硕士）  29767    2.0      2.0
75  124339  19   10  工程师      高中      29350    3.0      3.0
56  196867  96   96  高管   研究生（硕士）  29238    4.0      4.0
7   134986  97   98  医生   研究生（博士）  29183    5.0      5.0
..     ...  ..  ...  ...         ..        ...    ...      ...
64  143800  16   91  教师   研究生（博士）   7180   96.0     96.0
36  104617  41  115  工程师 研究生（博士）   4850   97.0     97.0
92  180382  68   36  教师       专科        4379   98.0     98.0
95  175283  90   10  职员       专科        3684   99.0     99.0
59  106838  82   55  职员       高中        3615  100.0    100.0

[100 rows x 8 columns]
```

3）Pandas 数据合并

在实际的业务需求中，需要处理的数据可能存在于不同的库表中。很多情况下需要进行多表的连接查询来实现数据的提取，可以使用 SQL 的 join 语句，如 left join、right join、inner join 等。

Pandas 中也有实现此类功能的函数，如 concat()、append()、join()、merge()。接下来重点介绍 merge() 函数，这也是 Pandas 中最为重要的一个实现数据合并的函数。

merge() 函数基于两个 DataFrame 对象中列索引相同的列进行连接合并，两个 DataFrame 对象必须有列索引相同的列。merge() 函数的语法格式如下：

```
merge(left,right,how="inner",on=None,left_on=None,right_on=None,left_index=False,right_index=False,sort=False,suffixes=("_x","_y"),copy=True,indicator=False,validate=None)
```

merge() 函数的部分参数说明见表 5-11。

表 5-11　merge() 函数的部分参数说明

参　数	说　明
left	拼接的左侧 DataFrame 对象
right	拼接的右侧 DataFrame 对象
how	可以是 'left' 'right' 'outer' 'inner'，默认值为 'inner'。'inner' 是取交集，'outer' 是取并集
on	要指定的列索引或索引级别名称。必须在左侧和右侧 DataFrame 对象中找到
left_on	左侧 DataFrame 中的列索引或索引级别名称用作键。连接键可以是列索引、索引级别名称，也可以是长度等于 DataFrame 长度的数组
right_on	右侧 DataFrame 中的列索引或索引级别名称用作键。连接键可以是列索引、索引级别名称，也可以是长度等于 DataFrame 长度的数组
left_index	如果为 True，则使用左侧 DataFrame 中的行索引作为其连接键
right_index	与 left_index 功能相似
sort	按字典顺序通过连接键对结果 DataFrame 进行排序。默认值为 True，设置为 False 将在很多情况下显著提高性能

为演示 Pandas 数据合并，我们创建两组学生成绩表模拟数据。其中一组数据包含学生的

数学、语文成绩，另一组数据为学生的体育成绩。

创建模拟数据，具体代码如下：

```
from pandas import Series
from pandas import DataFrame
dic_1 = {"姓名":["小千","小峰","小亮","小可","小丽"],
         "性别":["男","男","男","女","女"],
         "数学成绩":[89,90,98,94,92],
         "语文成绩":[81,87,93,95,98],
         "评价":["良","良","优","良","优"]}
dic_2 = {"姓名":["小千","小峰","小亮","小可","小丽"],
         "体育成绩":[95,87,89,91,89]}
df_1 = DataFrame(dic_1)
df_2 = DataFrame(dic_2)
print(df_1)
print("*"*10)
print(df_2)
```

运行结果如下：

```
   姓名 性别  数学成绩  语文成绩 评价
0  小千  男    89     81   良
1  小峰  男    90     87   良
2  小亮  男    98     93   优
3  小可  女    94     95   良
4  小丽  女    92     98   优
**********
   姓名  体育成绩
0  小千    95
1  小峰    87
2  小亮    89
3  小可    91
4  小丽    89
```

现对两组数据进行常规合并，具体代码如下：

```
df_merge = pd.merge(df_1,df_2,on="姓名")
print(df_merge)
```

运行结果如下：

```
   姓名 性别  数学成绩  语文成绩 评价  体育成绩
0  小千  男    89     81   良    95
1  小峰  男    90     87   良    87
2  小亮  男    98     93   优    89
3  小可  女    94     95   良    91
4  小丽  女    92     98   优    89
```

当需要通过指定行索引合并数据时，就需要设置 left_index 参数和 right_index 参数，具体代码如下：

```
df_merge = pd.merge(df_1,df_2,right_index=True,left_index=True)
print(df_merge)
```

运行结果如下：

```
  姓名_x 性别  数学成绩  语文成绩 评价 姓名_y  体育成绩
0   小千   男     89      81   良   小千      95
1   小峰   男     90      87   良   小峰      87
2   小亮   男     98      93   优   小亮      89
3   小可   女     94      95   良   小可      91
4   小丽   女     92      98   优   小丽      89
```

任务分析

首先导入 Pandas 数据集，并查看数据集的 shape 属性，在数据读取时，发现字段名“数”表意不明确，使用 rename() 函数将“数”改为“页数”。接下来清洗数据集中的缺失值。首先使用 replace() 函数将数据中的 None 值替换为空值，然后查看数据的空值情况。清洗“出版时间”列，将该字段由字符串类型转换为整数类型，并将出版时间大于当前实际时间的数据清除，查看数据类型，发现“评论数量”字段数据类型为 Object 型，现将该字段转换为整数类型。查看“页数”列数据是否有含小数点的情况。清洗“价格”列，去除其中不是纯数字的数据。

视频

豆瓣读书数据处理与分析

任务实施

1. 文件读取

首先进行豆瓣读书数据集的读取，具体代码如下：

```
# 加载需要使用的库
import pandas as pd
import numpy as np
import matplotlib.pyplot as plt
# 读取数据
df=pd.read_csv(r"book_douban.csv",index_col=0)
# 查看前十行
df.head(10)
df.info()
```

运行结果如下：

```
<class "pandas.core.frame.DataFrame">
Index: 60626 entries, 1 to 60670
Data columns (total 9 columns):
 #   Column   Non-Null Count   Dtype
---  ------   --------------   -----
 0   书名       60626 non-null   object
 1   作者       59612 non-null   object
 2   出版社     57908 non-null   object
 3   出版时间   59634 non-null   object
 4   数         56369 non-null   object
```

```
 5   价格       58777 non-null  object
 6   ISBN       59539 non-null  float64
 7   评分       60626 non-null  float64
 8   评论数量   53971 non-null  float64
dtypes: float64(3), object(6)
memory usage: 4.6+ MB
```

2. 数据清洗

1）字段重命名

在数据读取时，发现字段名“数”表意不明确。为了更加直观，现将“数”改为“页数”，并重置索引，具体代码如下：

```
#重命名"数"列为"页数"
df=df.rename(columns={"数":"页数"})
#重置索引
df.reset_index(drop=True,inplace=True)
# 查看矩阵形状
df.shape
# 查看评分的统计信息
df.describe()
```

运行结果如下：

```
<class "pandas.core.frame.DataFrame">
RangeIndex: 60626 entries, 0 to 60625
Data columns (total 9 columns):
 #   Column  Non-Null Count  Dtype
---  ------  --------------  -----
 0   书名      60626 non-null  object
 1   作者      59612 non-null  object
 2   出版社    57908 non-null  object
 3   出版时间  59634 non-null  object
 4   页数      56369 non-null  object
 5   价格      58777 non-null  object
 6   ISBN      59539 non-null  float64
 7   评分      60626 non-null  float64
 8   评论数量  53971 non-null  float64
dtypes: float64(3), object(6)
memory usage: 4.2+ MB
```

2）清洗缺失值

接下来清洗数据集中的缺失值。首先将数据中的 None 值替换为空值，然后查看数据的空值情况，具体代码如下：

```
# 将"none"转换为"null"
df.replace("None",np.nan,inplace=True)
# 查看缺失值情况
df.isnull().sum()
# 去除"ISBN"列
del df["ISBN"]
```

```
# 去除指定列含有空值的行
df.dropna(axis=0,subset=["作者","出版社","出版时间","页数","价格","评分","评论数量"],how="any",inplace=True)
# 重置索引
df.reset_index(drop=True,inplace=True)
# 确认是否还有空值
df.isna().sum()
```

运行结果如下：

```
书名          0
作者       1014
出版社     2718
出版时间    992
页数       4257
价格       1849
ISBN       1087
评分          0
评论数量   6655
dtype:int64
```

3）清洗“出版时间”列

清洗“出版时间”列，将该字段由字符串类型转换为整数类型，并将出版时间大于当前实际时间的数据清除，具体代码如下：

```
# 将出版时间转换为整数型
df.drop(df[df["出版时间"].str.len()!=4].index,axis=0,inplace=True)
df["出版时间"]=df["出版时间"].astype(np.int32)
# 发现出版时间超出实际时间的数据，将其清除
df.drop(df[df["出版时间"]>2019].index,inplace=True)
```

运行结果如图 5-3 所示。

	书名	作者	出版社	出版时间	页数	价格	评分	评论数量
0	只有你聽到 Calling You	乙一	青春文化	2005	217	55	8.7	4760
1	安源	裴宜理 (Elizabeth J. Perry)	香港大學出版社	2014	336	160	8.6	51
2	易卜生评论集	编辑委员会编	外语教学与研究出版社	1982	431	1.8	8.1	15
...	...	...	...	...	...	...	...	...

图 5-3 清洗出版时间后运行结果图

4）转换“评论数量”列的数据类型

查看数据类型，发现“评论数量”字段数据类型为 Object 型，现将该字段转换为整数类型，具体代码如下：

```
# 转换数据类型
df["评分"]=df["评分"].astype(float)
df["评论数量"]=df["评论数量"].astype(np.int32)
```

5）清洗“页数”列

首先查看“页数”列数据是否有含小数点的情况，然后规范和转换页数的格式后进行清除，具体代码如下：

```
# 查看页数是否含有小数点的情况
df["页数"].str.contains("\.").value_counts()
# 规范页数的格式，去除含有其他字符的数据比如“.”
df["页数"]=df["页数"].apply(lambda x:x.replace(",","").replace(" ",""))
df.drop(df[~(df["页数"].str.isdecimal())].index,axis=0,inplace=True)

# 转换页数的格式
df["页数"]=df["页数"].astype(np.int32)
# 清除页数为 0 的数据
df.drop((df[df["页数"]==0]).index,inplace=True)
```

运行结果如下：

```
False   47738
True    7
Name: 页数, dtype:int64
```

6）清洗“价格”列

清洗“价格”列，去除其中不是纯数字的数据，具体代码如下：

```
# 规范价格的格式，去除价格不是纯数字的数据
df["价格"]=df["价格"].apply(lambda x:x.replace(",","").replace("",""))
for r_index,row in df.iterrows():
    if row[5].replace(".","").isdecimal()==False:
        df.drop(r_index,axis=0,inplace=True)
    elif row[5][-1].isdecimal()==False:
        df.drop(r_index,axis=0,inplace=True)
# 转换价格的格式
df["价格"]=df["价格"].astype(float)
# 将价格低于 1 元的书籍去除
df.drop(df[df["价格"]<1].index,inplace=True)
```

运行结果如下：

```
False   47738
True    7
Name: 页数, dtype:int64
```

7）清洗“书名”列

清洗重复的书名，具体代码如下：

```
# 查看此时重复的书名
df["书名"].value_counts()
# 查看重复书名数量
df["书名"].duplicated().value_counts()
# 按照评论数量排名，然后去重，以保证数据可靠性
```

```
df=df.sort_values(by=" 评论数量 ",ascending=False)
df.reset_index(drop=True,inplace=True)
# 对排序后的数据进行去重
df.drop_duplicates(subset=" 书名 ", keep="first",inplace=True)
df.reset_index(drop=True,inplace=True)
# 查看是否还有重复的数据
df[“书名”].value_counts()
# 清理后的数据
df.to_excel(r"/PythonTest/Data/douban_book.xls",encoding="utf_8_sig")
```

运行结果如图 5-4 所示。

	书名	作者	出版社	出版时间	页数	价格	评分	评论数量
0	小王子	[法] 圣埃克苏佩里	人民文学出版社	2003	97	22.0	9.0	209602
1	围城	钱锺书	人民文学出版社	1991	359	19.0	8.9	178288
...	...	...	...	...	...	...	...	...
42808	戏剧在美国的衰落	(法) 马特尔	商务印书馆	2015	240	48.0	7.5	10
42809	论史诗剧	[德] 贝托尔特·布莱希特	北京师范大学出版社	2015	208	48.0	7.5	10
42810	老先生	周实	华夏出版社 天地出版社	2015	328	48.0	7.8	10
42811	日本料理制作大全	川上文代	中国民族摄影艺术出版社	2015	214	48.0	7.7	10

图 5-4　清洗书名后运行结果图

任务三　Matplotlib 可视化绘图——餐厅小费赠予情况数据可视化

任务描述

小费是服务行业中顾客感谢服务人员的一种报酬形式，本任务主要完成以下工作：

（1）分析小费金额与总消费金额的关系；

（2）分析男性顾客与女性顾客小费赠予的区别；

（3）分析日期与小费的关系。

相关知识

Matplotlib 是用于绘制二维图表的 Python 第三方扩展库，使用该库可以绘制直方图、功率图、条形图等常用图表，是数据分析过程中常用的可视化工具库。Matplotlib 提供了一套面向绘图对象编程的应用程序接口（application program interface，API），能够很轻松地实现各种图像的绘制，并且它可以配合 Python GUI 工具（如 PyQt、Tkinter 等）在应用程序中嵌入图形。同时 Matplotlib 支持以脚本的形式嵌入 IPythonshell、Jupyter Notebook、Web 应用服务器使用。

1.Matplotlib 的绘制流程

Matplotlib 易于使用，是 Python 中常用的可视化库，数据可视化的最大好处之一是以易于理解的视觉效果直观地呈现大量数据。Matplotlib 建立在 NumPy 数组之上，旨在与更广泛的 SciPy 堆栈一起使用，绘制出多种常见的统计图表，如折线图、条形图、散点图、直方图等。

使用 Matplotlib 除绘制基本图表外，还可以编辑图表的标题、轴刻度、图例等。Matplotlib 包含 pyplot 模块，用于绘制图形的状态机，为图形的绘制创建基本环境。Matplotlib 首先创建画布，其次对图层进行基本的绘制。用户主要对子图层进行绘制，一般使用面向对象的基本方法。

Matplotlib 中最重要的基类是 Artist 及其派生类，主要分为容器类型和绘图元素类型。容器类型包括 Figure、Axes、Axis，这些类确定一个绘图区域，为绘图元素类型提供显示位置；绘图元素类型包括 Line2D、Rectangle、Text、AxesImage 等，这些类被包含在容器类型提供的绘图区域中。

1）绘图结构——Figure、Axes、Axis、Artist

Matplotlib 中的所有内容都是按层次结构组织的，层次结构的顶部是 matplotlib.pyplot 模块提供的 Matplotlib“状态机环境”。在此级别可使用简单函数将绘图元素（线条、图像、文本等）添加到当前图形中的当前轴。

层次结构的下一层是面向对象接口的第一层，其中 pyplot 仅用于少数功能，用户显式创建并跟踪图形和轴对象。在这一层，用户使用 pyplot 创建图形，通过这些图形可以创建一个或多个轴对象。这些坐标区对象随后用于大多数绘图操作。坐标区对象如图 5-5 所示。

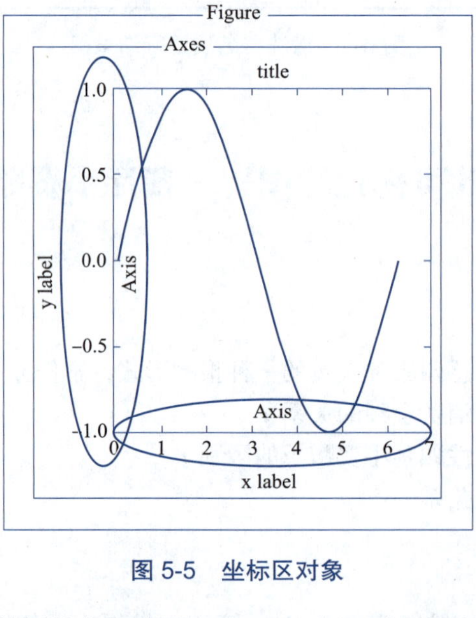

图 5-5　坐标区对象

（1）Figure。图 5-3 中外侧的方框表示 Figure，可以理解为画布。所有的内容都会画在这个“画布”上，Figure 包含所有的坐标系。

（2）Axes。图 5-3 中的内框表示 Axes，是坐标轴的组合，可以理解为一个坐标系。Axes 在英文里是 Axis 的复数形式，也就是说 Axes 代表的其实是 Figure 当中的 1 套坐标轴。之所以说 1 套而不是 2 条坐标轴，是因为如果画三维的图，Axes 就代表 3 条坐标轴了。因此，在一个 Figure 当中，每添加一次 subplot，其实就是添加了 1 套坐标轴，也就是添加了 1 个 Axes，放在二维图里就是添加了 2 条坐标轴，分别是 x 轴和 y 轴。

（3）Axis。图 5-3 中的每一条坐标轴，其包含刻度和标签。

（4）Artist。所有的绘图元素的基类，每个在 Figure 中可以被看到的绘图元素都是一个 Artist。当一个 Figure 被渲染时，所有的 Artists 都被画在画布 canvas 上。大多数的 Artist 都是与某个 Axes 绑定的，一个 Artist 不能同时属于多个 Axes。

2）绘图流程

使用 Matplotlib 绘制图表的基本流程如下：

（1）创建画布：fig=plt.figure()，后面还可以跟着对画布的各种处理。

（2）创建子图进行绘制：axis=fig.subplot()，一次可创建多张子图。

（3）创建图形与图例：面向对象式绘图。

（4）保存图片：保存绘制的图片，并可进行显示。

3）第一个交互式图表

使用 Matplotlib 生成图表只需几行代码就可以实现。

（1）创建画布。首先导入 pyplot 模块，将其命名为 plt，然后创建一个画布，具体代码如下：

```
import matplotlib.pyplot as plt
fig = plt.figure(figsize=(8,7))
print(fig)
```

运行结果如下：

```
Figure(800x700)
```

返回的结果为 Axes 对象的引用。

（2）创建子图。一般使用 add_subplot() 函数添加子图，将整个 Figure 区域划分为行 × 列的网格，在网格的指定格子（索引）中创建一个 Axes。其有 4 种签名形式：

```
add_subplot(nrows,nclos,index,**kwargs)
add_subplot(pos,**kwargs)
add_subplot(ax)
add_subplot()
```

常用的是第一种签名形式，添加坐标轴和图例，实例代码如下：

```
import numpy as np
from numpy.random import randn
# 解决中文显示乱码的问题
plt.rcParams["font.family"] = ["sans-serif"]
plt.rcParams["font.sans-serif"] = ["SimHei"]
fig  = plt.figure(figsize=(8,7))        # 创建画布
ax1 = fig.add_subplot(1,1,1)            # 使用 ax1 变量指向子图对象
ax1.hist(randn(50))                     # 使用轴向图的方法创建子图
plt.xlabel("x 轴")                      # 添加坐标轴
plt.ylabel("y 轴")
plt.legend([" 数据 "])                  # 添加图例
plt.show()                              # 显示图片
```

运行结果如图 5-6 所示。

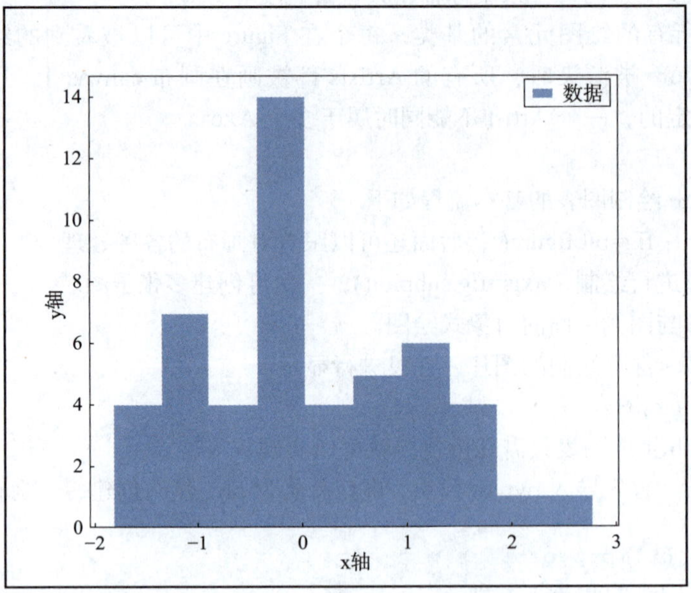

图 5-6　设置坐标轴标签和图例的显示图

2.Matplotlib 基础图表的绘制

1）散点图的绘制

散点图是在数据分析中常用的一种图表，在数据量比较庞大的时候，散点图可以很直观地反映出数据的分布情况，散点图的绘制通常使用 scatter() 函数。

scatter() 函数的部分参数说明见表 5-12。

表 5-12　scatter() 函数的部分参数说明

参　数	说　明
x、y	散点的坐标
s	散点的面积，默认值为 20
c	散点的颜色，默认蓝色 b
marker	散点的样式，默认小号 o

接下来使用 scatter() 函数绘制一个散点图，具体代码如下：

```
import numpy as np
from matplotlib import pyplot as plt
import pandas as pd
plt.rcParams["font.family"] = ["sans-serif"]
plt.rcParams["font.sans-serif"] = ["SimHei"]

data = pd.read_csv("penguins_size.csv")
ax1 = plt.figure(figsize=(8,7))
plt.scatter(x=data.flipper_length_mm,y=data.body_mass_g)
```

```
plt.xlabel("脚掌长度/mm")
plt.ylabel("体重/g")
plt.legend(["节点"])
plt.title("帕尔默企鹅脚掌长度与体重关系图")
plt.show()
```

运行结果如图 5-7 所示。

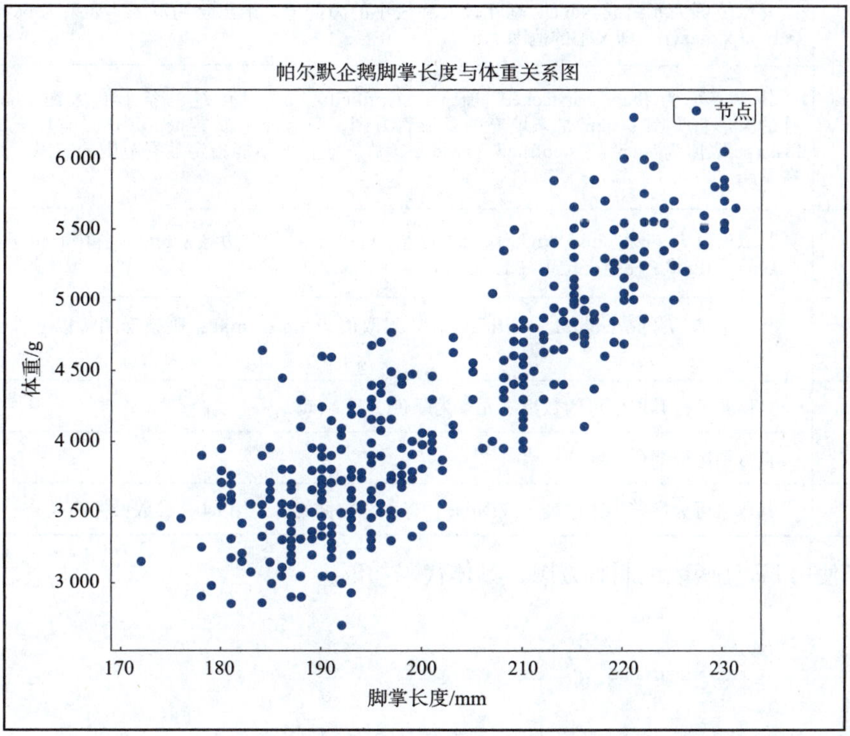

图 5-7　散点图的绘制

由图 5-7 可以看出，企鹅的体重与其脚掌的长度有明显关系，脚掌越长体重越大。而大部分企鹅脚掌的长度集中在 180~200 mm，体重集中在 3~4 kg。由此可见，散点图可以很直观地展示出数据的大致分布情况。

2）直方图的绘制

直方图是用一系列不等高的长方形来表示数据，宽度表示数据范围的首尾间隔，高度表示在给定间隔内数据出现的频率，长方形的高度和落在间隔内的数据数量成正比，变化的高度形态反映了数据的分布情况。

直方图的绘制通常使用 hist() 函数，其语法格式如下：

```
hist(x,bins=None,range=None,normed=False,density=False,weights=None,cumulative=False,bottom=None,histtype="bar",align="mid",rwidth=None,orientation="vertical",color=None,edgecolor=None,label=None,stacked=False,**kwargs)
```

hist() 函数的部分参数说明见表 5-13。

表 5-13　hist() 函数的部分参数说明

参　数	说　明
x	作直方图所要用的数据，必须是一维数组；多维数组可以先进行扁平化处理再作图。必选参数
bins	直方图的柱数，即要分的组数，默认值为 10
range	其取值可为元组或 None，剔除较大和较小的离群值，给出全局范围。如果为 None，则默认为 (x.min(,x.max())，即 x 轴的范围
histtype	其取值可为 {bar，barstacked，'step'，'stepfilled'}。bar 是传统的条形直方图；barstacked 是堆叠的条形直方图；'step' 是未填充的条形直方图，只有外边框；'stepfilled' 是有填充的直方图。当 histtype 取值为 'step' 或 'stepfilled'，rwidth 参数失效，即不能指定数据范围的间隔，默认各柱连接在一起
align	其取值可为 {'left,' 'mid,' 'right'}。'lef '：柱中心位于柱的左边缘；'mid'：柱中心位于柱的左、右边缘之间；'right'：柱中心位于柱的右边缘
orientation	其可取值为 {'horizontal,' 'vertical'}。如果取值为 'horizontal'，则条形图将以 y 轴为基线，水平排列
color	具体颜色，其取值可为数组（元素为颜色）或 None
edgecolor	直方图边框颜色
label	其取值可为字符串（序列）或 None。有多个数据集时，用 label 参数做标注区分

接下来使用 hist() 函数绘制直方图，具体代码如下。

```
import numpy as np
from matplotlib import pyplot as plt
import pandas as pd
plt.rcParams["font.family"] = ["sans-serif"]
plt.rcParams["font.sans-serif"] = ["SimHei"]
data = pd.read_csv("penguins_size.csv")
ax1 = plt.figure(figsize=(8,7))
plt.hist(data["flipper_length_mm"],align="left")
plt.xlabel(" 脚掌长度 /mm")
plt.ylabel(" 数量 / 只 ")
plt.legend([" 数量 "])
plt.title(" 帕尔默企鹅脚掌长度基本情况 ")
plt.show()
```

运行结果如图 5-8 所示。

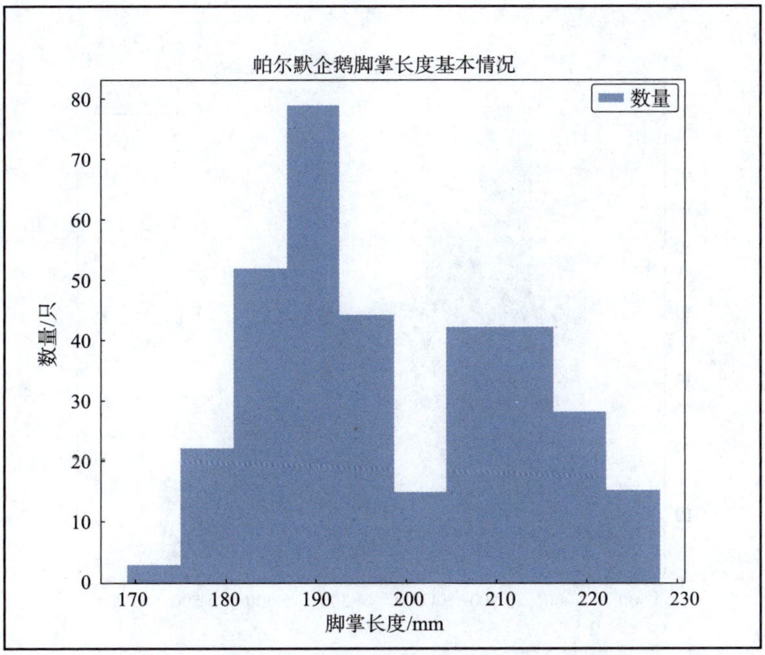

图 5-8　脚掌长度分布直方图

由运行结果可见，该组企鹅的脚掌长度在 185~195 mm 范围分布最多。下面看一看其体重的分布情况，具体代码如下：

```
import numpy as np
from matplotlib import pyplot as plt
import pandas as pd
plt.rcParams["font.family"] = ["sans-serif"]
plt.rcParams["font.sans-serif"] = ["SimHei"]
data = pd.read_csv("penguins_size.csv")
ax1 = plt.figure(figsize=(8,7))
plt.hist(data["body_mass_g"],align="left")
plt.xlabel(" 体重 /g")
plt.ylabel(" 数量 / 只 ")
plt.legend([" 数量 "])
plt.title(" 帕尔默企鹅体重分布基本情况 ")
plt.show()
```

运行结果如图 5-9 所示。

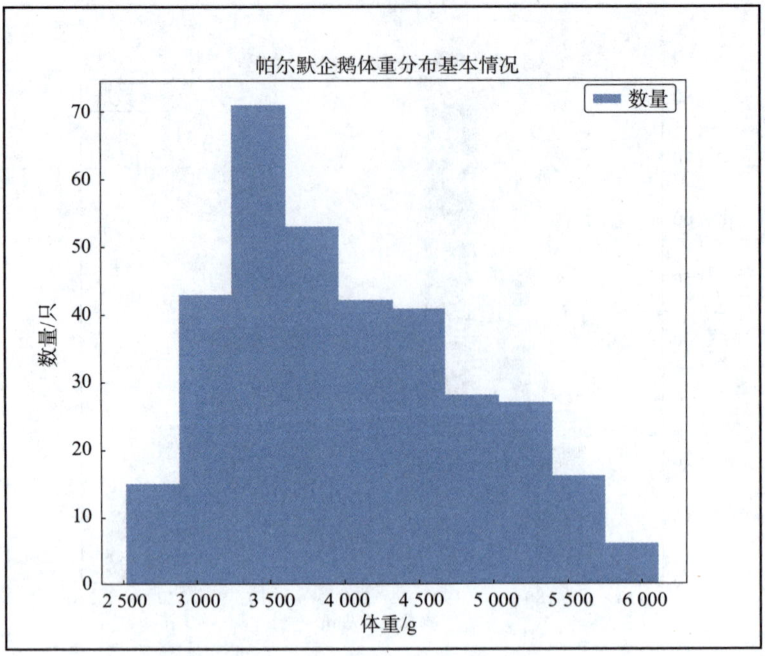

图 5-9 体重分布直方图

可见，该组企鹅的体重在 3 250~3 750 g 范围分布最多，在 5 750~6 250 g 分布最少。可以初步判断出该组企鹅平均体重在 3 500 g 左右。

3）折线图的绘制

折线图是我们在日常工作、学习中经常使用的一种图表，它可以直观地反映数据的变化趋势。Matplotib 提供了 plot() 函数绘制折线图，其参数与散点图的参数类似。

现就全国人口普查折线图来看从 1970 年到 2021 年的总人口增长情况，具体代码如下：

```
import numpy as np
from matplotlib import pyplot as plt
import pandas as pd

plt.rcParams["font.family"] = ["sans-serif"]
plt.rcParams["font.sans-serif"] = ["SimHei"]
data = pd.read_csv("人口.csv", encoding="gbk")
x = data.年份
y = data.人口
plt.title("1970-2021 年全国人口情况")
plt.xlabel("年份")
plt.ylabel("人口/人")

plt.plot(x, y)
plt.grid(color="r", linestyle="-.", linewidth=0.5)
plt.show()
```

运行结果如图 5-10 所示。

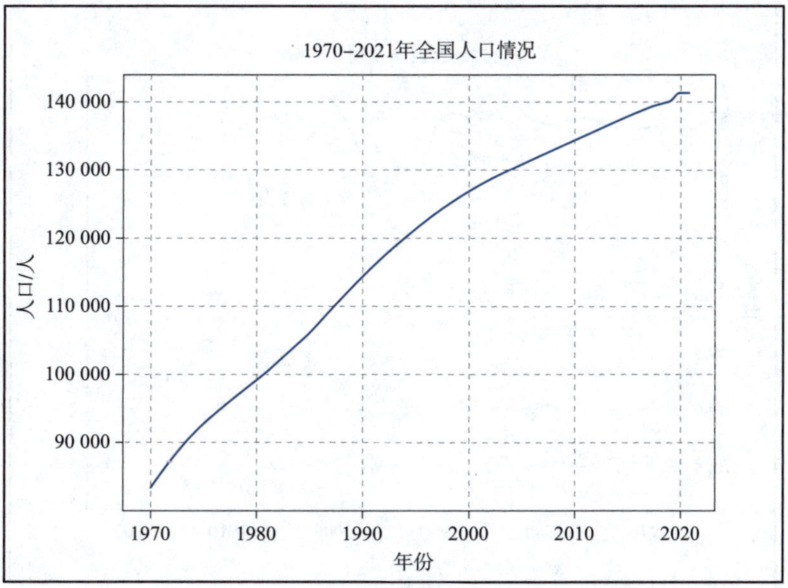

图 5-10　总人口增长折线图

由图 5-10 可见，我国人口从 1970 年到 2021 年一直呈逐年增长趋势。下面来看 1970 年至 2021 年我国男女人口的增长与下降趋势，具体代码如下：

```
import numpy as np
from matplotlib import pyplot as plt
import pandas as pd
plt.rcParams["font.family"] = ["sans-serif"]
plt.rcParams["font.sans-serif"] = ["SimHei"]
data = pd.read_csv("人口.csv", encoding="gbk")
x = data.年份
y1 = data.男性
y2 = data.女性
plt.title("1970-2021年全国人口情况")
plt.xlabel("年份")
plt.ylabel("比例/%")

plt.plot(x,y1)
plt.plot(x,y2,"r")
plt.grid(color="r", linestyle="-.", linewidth=0.5)
plt.show()
```

运行结果如图 5-11 所示。

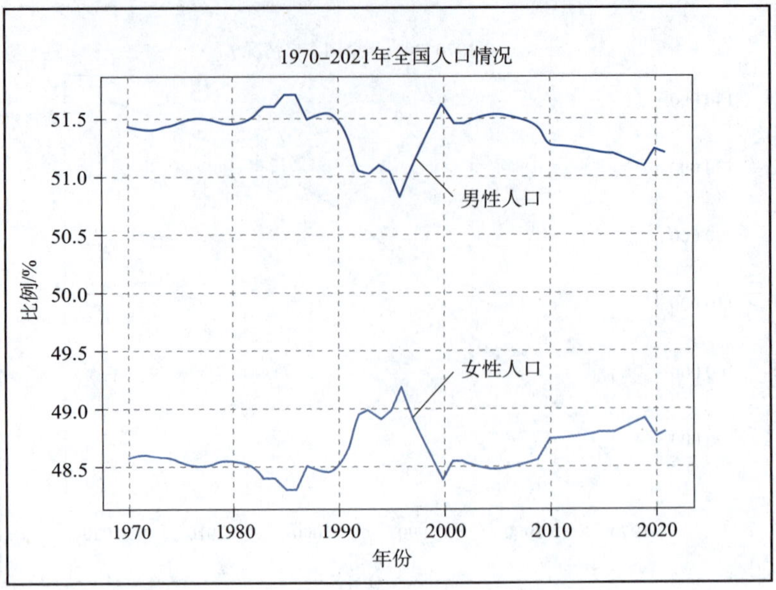

图 5-11　男女人口增长与下降折线图

从运行结果来看，数据均呈现男性人口比例大于女性人口比例，大约在 1995 年两者差距最小。

4）饼图的绘制

在数据分析等领域中，饼图是应用广泛的一种数据展示方式。饼图将一个“圆饼”按照不同分类的占比划分成多个区块，整个“圆饼”代表数据的总量，每个区块（圆弧）表示该分类占总体的比例大小，所有区块（圆弧）的和等于 100%。

Matplotlib 提供了 pie() 函数来制作饼图，其语法格式如下：

```
matplotlib.pyplot.pie(x,explode=None,labels=None,colors=None,autopct=None,
pctdistance=0.6,shadow=False,labeldistance=1.1,startangle=0,radius=1,
counterclock=True,wedgeprops=None,textprops=None,center=(0,0),frame=False,
rotatelabels=False,*,normalize=True,data=None)
```

pie() 函数的部分参数说明如下：

x: 指定绘图的数据，每一份数据会按照 x/SUM(x) 的比例进行显示。

explode: 指定饼图某些部分突出显示，即呈现“爆炸式”。

labels: 为饼图添加标签，类似于图例。

colors: 指定饼图的填充色。

autopct: 自动添加百分比显示，可以采用格式化的方法显示。

pctdistance: 设置百分比显示与圆心的距离。

shadow: 是否添加饼图的阴影效果。

labeldistance: 设置各标签（图例）与圆心的距离。

startangle: 设置饼图的初始摆放角度。

radius: 设置饼图的半径大小。

counterclock: 是否让数据按逆时针顺序呈现。

wedgeprops: 设置饼图内外边界的属性，如边界线的粗细、颜色等。

textprops: 设置饼图中文本的属性，如字体大小、颜色等。

center: 指定饼图的圆心位置，默认为原点。

frame: 是否显示饼图背后的图框，如果设置为 True，需要同时控制图框在 x 轴、y 轴上的范围和饼图的圆心。

现就某新闻网站某年的数据集来分析新闻的种类占比，共有 5 个类别：体育（sport）、科技（technology）、商业（business）、娱乐（entertainment）、政治（politics）。

```
import numpy as np
from matplotlib import pyplot as plt
import pandas as pd
plt.rcParams["font.family"] = ["sans-serif"]
plt.rcParams["font.sans-serif"] = ["SimHei"]
data = pd.read_csv("news.csv")
x = data["count"]

plt.pie(x,labels=["sport","technology","business","entertainment","polit
            ics"],autopct="%1.1f%%")
plt.title(" 新闻播报种类比例 ")
plt.show()
```

运行结果如图 5-12 所示。

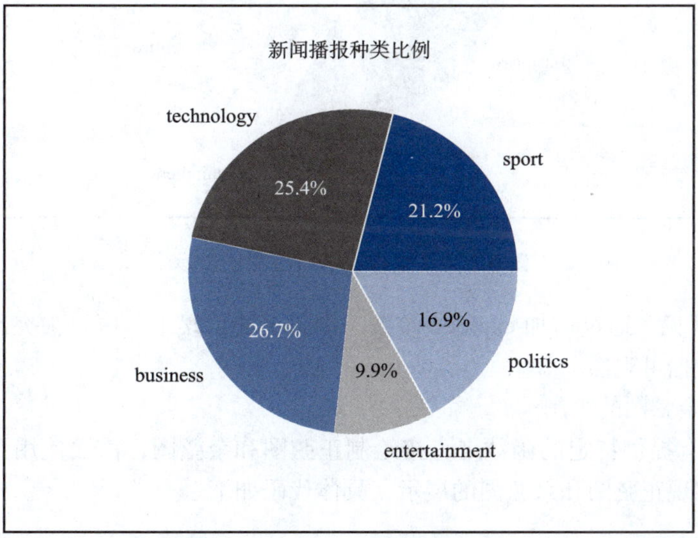

图 5-12　新闻种类占比饼图

由运行结果可见，在该新闻网站某年内播报的新闻中，商业类的占 26.7%，占比最大，娱乐类的占比最小。由此可见，饼图可以很清晰地展示出各个类别的占比情况。

在 pie() 函数中添加另外一个参数，具体代码如下：

```
import numpy as np
from matplotlib import pyplot as plt
```

```
import pandas as pd
plt.rcParams["font.family"] = ["sans-serif"]
plt.rcParams["font.sans-serif"] = ["SimHei"]
data = pd.read_csv("news.csv")
x = data["count"]

explode = [0,0,0,0.3,0]
colors = ["yellow","green","red","blue","pink"]
plt.pie(x,labels=["sport","technology","business","entertainment","politics"],
colors=colors,explode=explode,autopct="%1.1f%%")
plt.title(" 新闻播报种类比例 ")
plt.show()
```

运行结果如图 5-13 所示。

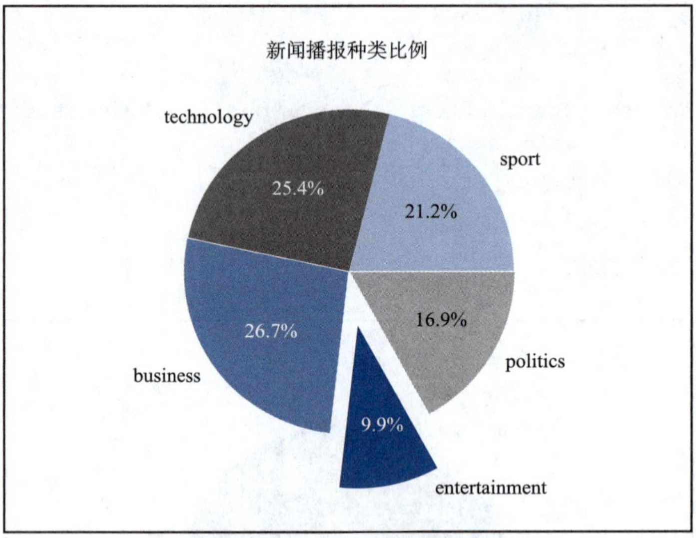

图 5-13 “娱乐”区块被突出显示

由运行结果可见，通过增加 explode 参数，饼图中的“娱乐”区块被突出显示，增强了数据分析过程中的数据可观性。

5）正弦图和余弦图的绘制

Matplotlib 没有提供特定的函数来直接绘制正弦图和余弦图，需要使用到数学中的正弦函数和余弦函数去实现正弦图和余弦图的展示，具体代码如下：

```
import numpy as np
from matplotlib import pyplot as plt
import pandas as pd
plt.rcParams["font.family"] = ["sans-serif"]
plt.rcParams["font.sans-serif"] = ["SimHei"]

x1 = np.linspace(0,2*np.pi,50)
y1 = np.sin(x1)
y2 = np.cos(x1)
```

```
plt.figure()
plt.plot(x1,y1,"r",linestyle="-")
plt.plot(x1,y2,"b",linestyle="-.")
plt.xlabel("x 轴 ")
plt.ylabel("y 轴 ")
plt.title(" 正弦图和余弦图 ")
labels = ["sin(x)","cos(x)"]
plt.legend(labels,loc="upper left")
plt.grid(color="y", linestyle="-.", linewidth=0.5)
plt.show()
```

运行结果如图 5-14 所示。

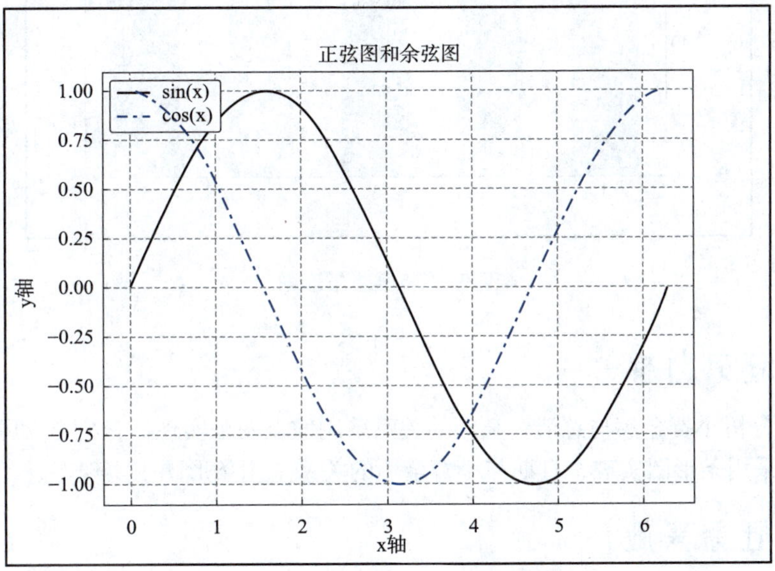

图 5-14　正弦图和余弦图

6）误差条形图的绘制

误差条形图呈现数据可变性，并指示测量中的误差（或不确定性）。误差条形图可帮助确定差值是否具有统计显著性，还可表示给定函数的拟合优度。

在 Matplotlib 中绘制误差条形图，具体代码如下。

```
import numpy as np
from matplotlib import pyplot as plt
plt.rcParams["font.family"] = ["sans-serif"]
plt.rcParams["font.sans-serif"] = ["SimHei"]

x = np.arange(5)
y = [91,76,89,120,82]
err = [3,6,10,2,5]
err_attr = {"elinewidth":2,"ecolor":"black","capsize":3}
plt.bar(x,y,color="g",width=0.6,yerr=err,error_kw=err_attr,tick_
label=list("12345"))
```

```
plt.show()
```

运行结果如图 5-15 所示。

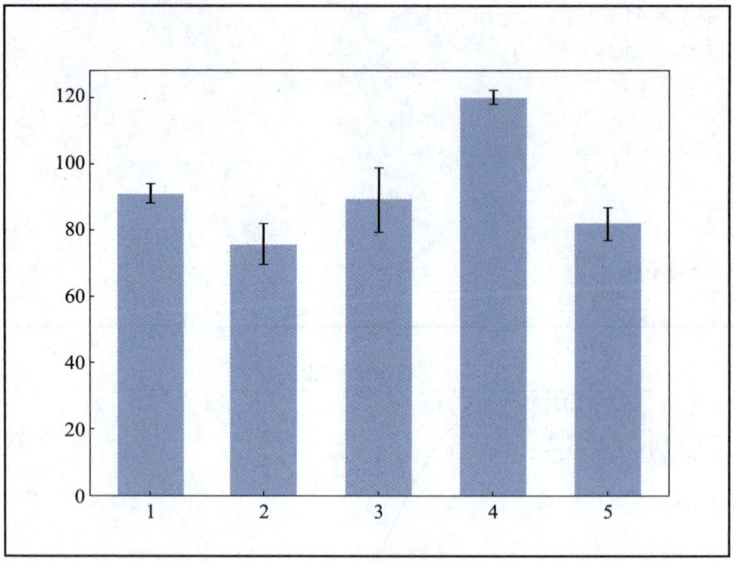

图 5-15　误差条形图

视频

餐厅小费赠予情况数据可视化

任务分析

分析小费金额与总消费金额的关系采用散点图来实现，分析男女顾客赠予小费的区别采用条形图实现，日期与小费金额的关系采用条形图来实现。

任务实施

1. 小费金额与总消费金额的关系

```
#1 导入库
import numpy as np
from matplotlib import pyplot as plt
import pandas as pd
# #解决中文显示乱码的问题
plt.rcParams["font.family"] = ["sans-serif"]
plt.rcParams["font.sans-serif"] = ["SimHei"]
#
# #2 数据导入
df = pd.read_excel("tips.xls")
df.columns = [" 总消费金额 "," 小费金额 "," 性别 "," 吸烟 "," 日期 "," 时间 "," 尺寸 "]

plt.figure(figsize=(10,8))
plt.scatter(x=df[" 总消费金额 "],y=df[" 小费金额 "],color = "g")
plt.title(" 小费金额与总消费金额的关系 ")
plt.show()
```

运行结果如图 5-16 所示。

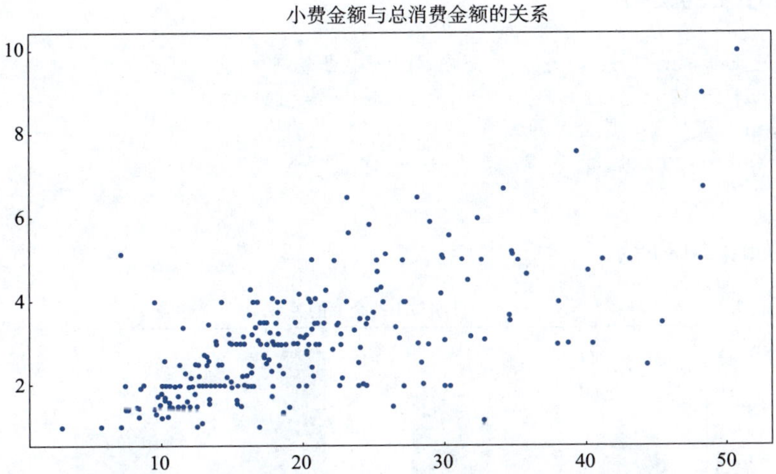

图 5-16　小费金额与总消费金额的关系

由运行结果可知，顾客消费的总金额与赠予的小费金额大致呈正相关关系。多数顾客的总消费金额与小费金额分别集中在 10~30 美元与 0~4 美元之间。

2. 男性顾客与女性顾客小费赠予的区别

```
average_tips = df.groupby("性别")["小费金额"].mean()
average_tips.plot.bar(color="g",figsize=(10,8))
plt.xticks(rotation = 360)
plt.show()
```

运行结果如图 5-17 所示。

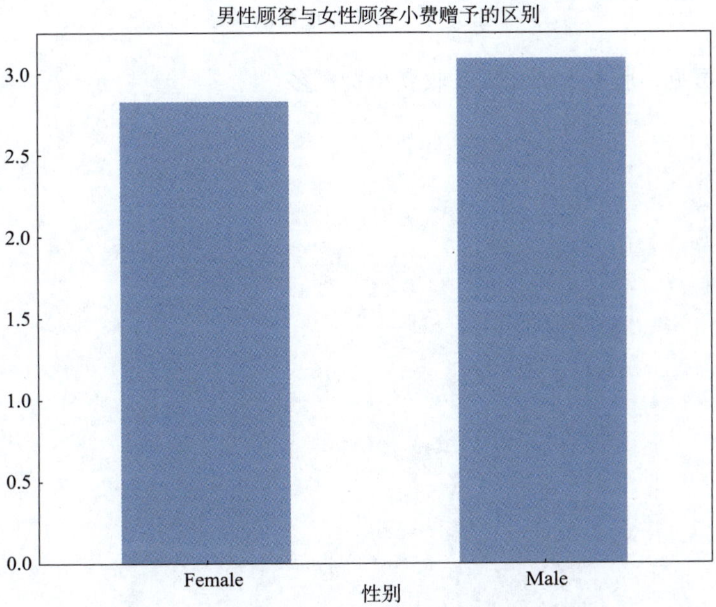

图 5-17　男性顾客与女性顾客小费赠予的区别

由运行结果可见，男性顾客赠予服务员小费的平均金额略高于女性顾客。

3. 日期与小费的关系

```
average_tips = df.groupby(" 日期 ")[" 小费金额 "].mean()
average_tips.plot.bar(color="g",figsize=(10,8))
plt.title(" 日期与小费金额的关系 ")
plt.xticks(rotation = 360)
plt.show()
```

运行结果如图 5-18 所示。

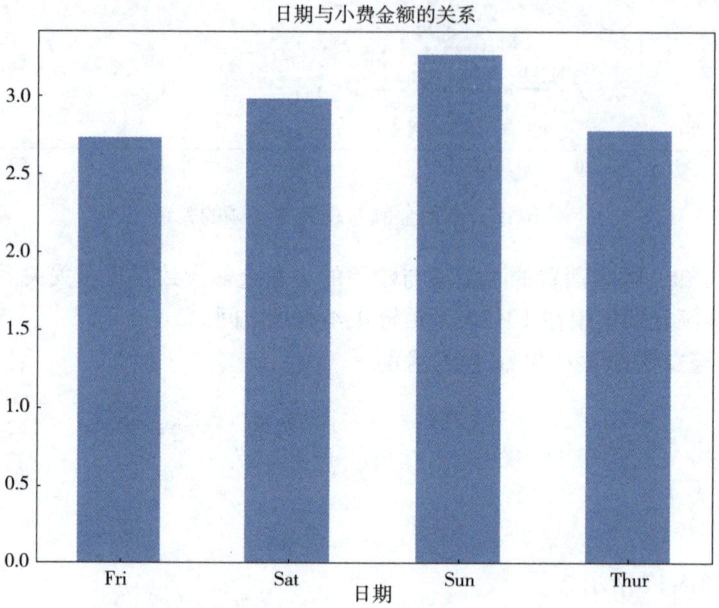

图 5-18　日期与小费的关系

由运行结果可见，服务人员在周日收获小费最多。

项目总结

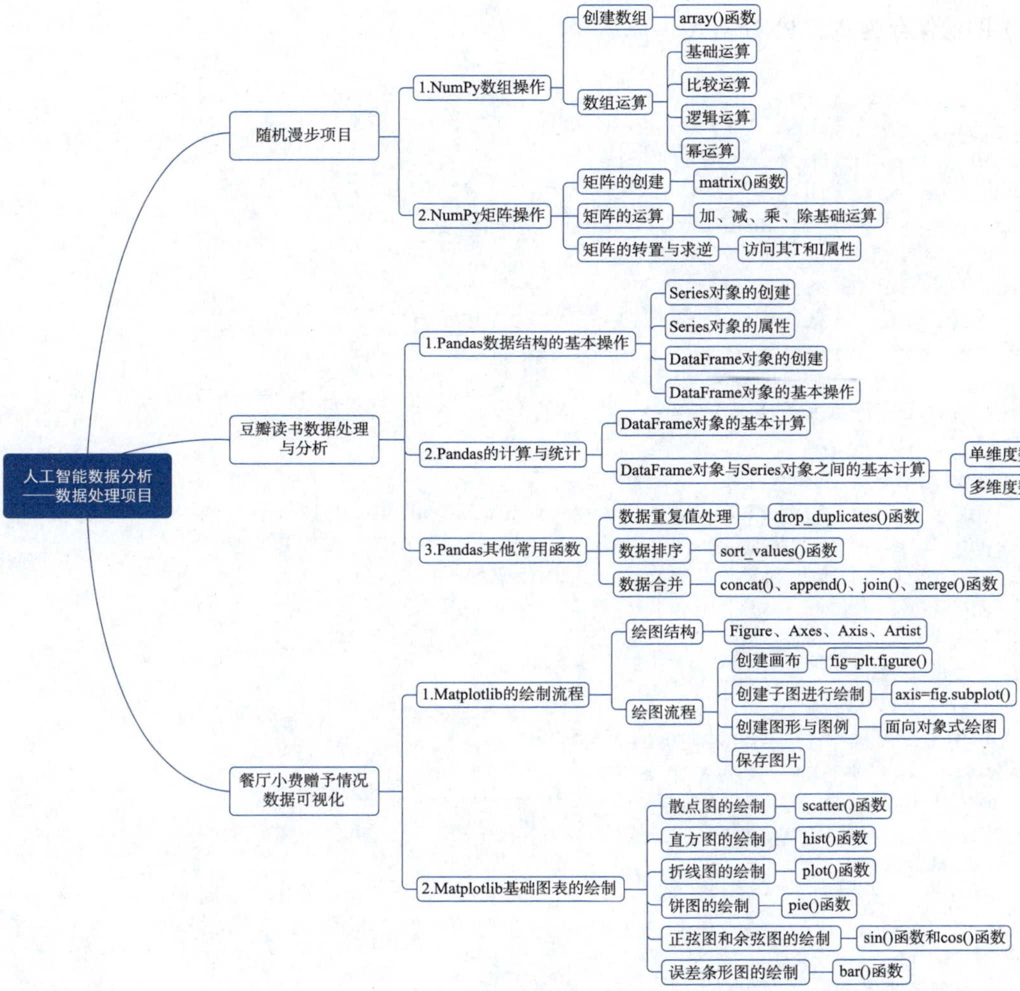

项目拓展

使用 python 分析电商平台用户行为数据（点击、购买、收藏等），使用 Pandas 和 Matplotlib 统计用户活跃时段、热销商品类别，并用 Seaborn 绘制行为趋势图。

电商行为数据确保包含以下列：timestamp（行为时间戳）、user_id（用户 ID）、product_id（商品 ID）、category（商品类别）、behavior_type（行为类型）。

关键分析点：

（1）用户活跃时段：展示一天中 24 小时内的用户行为分布；

（2）热销商品类别：统计购买次数最多的前 10 个商品类别；

（3）行为趋势：展示不同行为类型随时间的变化趋势；

（4）行为分析：展示不同星期的用户行为分布（单独图表）。

结果输出：

（1）生成三合一图表，包含活跃时段、热销类别、行为趋势；

（2）单独输出每星期行为分析图；

（3）图像保存为高清 PNG 格式。

```
import pandas as pd
import numpy as np
import matplotlib.pyplot as plt
import seaborn as sns
from matplotlib.ticker import FuncFormatter

# 设置中文显示（如果需要显示中文）
plt.rcParams['font.sans-serif'] = ['SimHei']
plt.rcParams['axes.unicode_minus'] = False

# 读取数据（假设数据文件名为 user_behavior.csv）
try:
    # 从 Kaggle 下载数据集
    df = pd.read_csv('user_behavior.csv', parse_dates=['timestamp'])
except FileNotFoundError:
    print("文件未找到！请从 Kaggle 下载数据集")
    exit()

# 1. 数据处理
# 添加时间字段
df['hour'] = df['timestamp'].dt.hour
df['date'] = df['timestamp'].dt.date
df['day_name'] = df['timestamp'].dt.day_name()

# 2. 用户活跃时段分析
hourly_activity = df.groupby('hour')['user_id'].count().reset_
index(name='count')

# 3. 热销商品类别分析（假设 purchase 表示购买）
purchase_data = df[df['behavior_type'] == 'purchase']
top_categories = purchase_data.groupby('category')['product_id'] \
                .count() \
                .sort_values(ascending=False) \
                .head(10) \
                .reset_index(name='purchases')
# 4. 行为趋势分析
daily_trend = df.groupby('date')['behavior_type'] \
              .value_counts() \
              .unstack() \
              .fillna(0)
# 5. 可视化
fig, axes = plt.subplots(3, 1, figsize=(15, 18))
# 用户活跃时段（小时）
sns.barplot(x='hour', y='count', data=hourly_activity,
            palette='Blues_d', ax=axes[0])
```

```
    axes[0].set_title('每小时用户活跃度')
    axes[0].set_xlabel('小时')
    axes[0].set_ylabel('行为计数')

    # 热销商品类别
    sns.barplot(x='purchases', y='category', data=top_categories,
                palette='viridis', ax=axes[1])
    axes[1].set_title('热门商品类别Top10')
    axes[1].set_xlabel('购买次数')
    axes[1].set_ylabel('商品类别')

    # 行为趋势(按天)
    sns.lineplot(data=daily_trend, dashes=False, ax=axes[2])
    axes[2].set_title('用户行为趋势(每日)')
    axes[2].set_xlabel('日期')
    axes[2].set_ylabel('行为计数')
    axes[2].legend(title='行为类型')
    axes[2].xaxis.set_major_locator(plt.MaxNLocator(10))

    plt.tight_layout()
    plt.savefig('ecommerce_analysis.png', dpi=300)
    plt.show()

    # 6. 附加分析:按星期分析用户行为
    weekday_order = ['Monday', 'Tuesday', 'Wednesday', 'Thursday', 'Friday',
'Saturday', 'Sunday']
    weekday_activity = df.groupby(['day_name', 'behavior_type'])['user_id'] \
                        .count() \
                        .reset_index(name='count') \
                        .sort_values('count', ascending=False)

    plt.figure(figsize=(12, 6))
    sns.barplot(x='day_name', y='count', hue='behavior_type',
                data=weekday_activity, order=weekday_order,
                palette='Set2')
    plt.title('每周用户行为分布')
    plt.xlabel('星期')
    plt.ylabel('行为计数')
    plt.tight_layout()
    plt.savefig('weekly_behavior.png', dpi=300)
```